SHENGTAI WENMING ZHISHI JIANMING DUBEN

生态文明知识简明读本

宫世国◎编著

U0386283

安徽师范大学出版社
ANHUI NORMAL UNIVERSITY PRESS
· 芜湖 ·

图书在版编目(CIP)数据

生态文明知识简明读本 / 宫世国编著.— 芜湖：安徽师范大学出版社,2020.8
ISBN 978-7-5676-4496-0

Ⅰ.①生… Ⅱ.①宫… Ⅲ.①生态文明－普及读物 Ⅳ.①X24-49

中国版本图书馆CIP数据核字(2019)第297159号

生态文明知识简明读本

宫世国◎编著

SHENGTAI WENMING ZHISHI JIANMING DUBEN

责任编辑：郭行洲　祝凤霞　　责任校对：李　玲
装帧设计：张　玲　　　　　　责任印制：桑国磊
出版发行：安徽师范大学出版社
　　　　　芜湖市九华南路189号安徽师范大学花津校区
网　　址：http://www.ahnupress.com/
发 行 部：0553-3883578　5910327　5910310(传真)
印　　刷：安徽新华印刷股份有限公司
版　　次：2020年8月第1版
印　　次：2020年8月第1次印刷
规　　格：700 mm×1000 mm　1/16
印　　张：10.5
字　　数：151千字
书　　号：ISBN 978-7-5676-4496-0
定　　价：33.00元

序

  21世纪是全球经济社会发展从工业文明向生态文明转型的新世纪。新时代生态文明建设是"功在当代，利在千秋"，造福全人类的伟大工程。建设一个"适合人类生存与永续发展的，人与自然、人与人、人与社会和谐共生共存共享"的生态文明社会是全人类共同的目标和历史责任。

  生态文明建设事关中华民族永续发展，是走向生态文明新时代，建设美丽中国，实现中华民族伟大复兴的中国梦的重要内容；生态文明思想是习近平新时代中国特色社会主义思想的重要组成部分。为建成富强民主文明和谐美丽的社会主义现代化强国，共同构建清洁美丽的生态文明世界，实现"人类命运共同体"的和平发展、共同发展、永续发展，我们需要认真学习与实践，并在学习与实践中探索、创新与发展，在新时代生态文明建设中发挥应有的作用。

  本书作者宫世国副教授为安徽师范大学化学与材料科学学院的一名退休教师，是安徽师范大学最早开设环境教育课程、参与培养环境专业人才的教师之一，曾与北京师范大学、山东农业大学、南京农业大学三位教授合作出版了全国第一部高等学校《土壤环境学》教材（高等教育出版社，1996），还合作出版了《环境化学》教材（安徽大学出版社，1999）。1984—1998年，宫老师一直担任化学系分管教学的副主任。1984年，他担任新开创的环境保护专业（大专班）的专业课任课教师。1998年，学校成立了学生社团——环境保护协会，聘请他为首任指导教师。他培养的很多学生后来成为安徽省环保系统的骨干力量。

我认识宫老师的时间不算太长，2010年我从生命科学学院调入环境科学与工程学院工作后，通过平时接触才逐步认识和了解他。他2000年退休后，一直为本科生开设环境教育和生态文明教育专题讲座，并指导和参与环境保护协会的活动，深受学生们的欢迎。尤其是他每年为环境科学与工程学院本科生开展的专题讲座，对学生的专业知识学习和专业思想巩固起到了积极作用。他的讲座总是以问题为导向，以现实为基础，完全脱离教材中的条条框框。近十多年来，他的讲座主要有《21世纪人类面临的人口、资源、环境与可持续发展问题》《能源问题与对策》《水资源问题与水环境保护》《全球气候变化与对策》《环境污染与人体健康》《走向生态文明新时代，共筑美丽中国梦》《向雾霾宣战》《走进新时代，以习近平生态文明思想为指导，全面建设生态文明美丽中国》等。

为了进一步推进高校生态文明教育和向社会普及生态文明基本知识，宫老师将多年积累的生态文明教育讲座诸内容整理编著成《生态文明知识简明读本》。读本以问题为导向，每一个问题都经过斟酌推敲，具有较强的科学性、可读性和科普性。本书不仅可为非环境类专业在校大学生提供丰富的生态文明知识，而且对环境类专业的大学生也具有参考价值，同时也对社会的一般读者具有学习价值，是一本颇具特色的生态文明教育参考书。

安徽师范大学环境科学与工程学院院长

周守标

2020年3月

前　言

　　人类社会文明发展到今天，遇到了什么问题？地球需要保护吗？人类需要拯救吗？靠谁去拯救？如何去拯救？"世界上从来就没有救世主"，只能靠人类的聪明与大智慧、大科学，世界各国齐心协力，自己救自己。创建一个适合人类生存与永续发展的，人与自然、人与人、人与社会和谐共生，乃至全人类和谐共生共存共享的现代人类文明社会——生态文明社会，"构建人类命运共同体"，才是保护地球、拯救人类的唯一出路。

　　走进建设生态文明新时代，全面建设生态文明的和谐的社会主义现代化强国，实现我国经济社会的绿色发展、可持续发展、和谐发展、永续发展，全面建成美丽中国，是实现中华民族伟大复兴的中国梦的重要战略目标之一，也是我国对全球生态文明建设的重大贡献。要实现这个远大目标，就必须加强生态文明和生态文化的宣传教育，以提高全民的生态文明意识和主动参与生态文明建设的精神，并付诸实践。同时，必须推动高校的教育教学改革与创新，培养高层次人才，以适应建设生态文明新时代的发展需要。没有生态文明与生态文化的教育，不是完善的现代教育；没有牢固树立生态文明与生态文化价值理念和缺乏生态文明基础知识的大学毕业生，难以成长为优秀的社会主义事业的建设者和接班人。希冀能为高校的生态文明与生态文化教育做点工作，这便是我编纂这本小册子的初衷。

　　本书是我从事环境教育和生态文明教育30多年来学习与研究的心得

体会，以及所收集的资料、课堂教学的讲稿和面向环境保护协会会员和其他学院学生开展环境教育、生态文明教育的讲稿，以简明扼要的形式重新改写整理编著的小册子，并以此作为我献给安徽师范大学环境保护协会成立二十二周年的礼物。

生态保护与环境保护是当代对人类的生存与发展产生直接影响的神圣事业，全面的生态文明建设是"功在当代，利在千秋"的造福于人类的伟大工程。学习与掌握最基本的生态文明知识，增强生态文明意识，牢固树立生态文明和生态文化价值理念，以实际行动积极参与生态文明美丽中国建设，是新时代的大学生、国家未来的社会主义现代化事业的建设者和接班人责无旁贷的历史使命。

党的十九届四中全会作出的《中共中央关于坚持和完善中国特色社会主义制度 推进国家治理体系和治理能力现代化若干重大问题的决定》，明确把生态文明制度体系建设纳入中国特色社会主义制度建设之中，纳入国家治理体系和治理能力现代化建设之中，明确提出了"坚持和完善生态文明制度体系，促进人与自然和谐共生"。我们要充分认识到生态文明制度体系建设的重要性和必要性，以习近平新时代中国特色社会主义思想和习近平生态文明思想为指导，建设生态文明美丽中国，为实现国家治理体系和治理能力现代化，实现中华民族伟大复兴和永续发展，作出我们应有的努力和贡献。

本书涉及的内容广泛，主要是当今世界普遍关注的生态与环保问题。为了便于非环境类专业读者阅读，书中内容不涉及较深的理论知识、实验以及工程技术知识，而将重点放在基本知识和概念上，力求简明、通俗易懂、重点突出。本书文字量较少，适合环境保护协会会员和非环境类专业学生阅读，也可供环境类专业学生，以及社会普通读者和政府有关部门管理干部参考阅读。

由于本人水平有限、知识面不足，再加上书中内容涉及面较广，有些内容目前学术界还没有达成共识，因此难免有错误和不足之处，欢迎读者提出宝贵意见给予批评指正。

　　承蒙安徽师范大学环境科学与工程学院院长周守标教授在百忙之中抽出时间，对本书仔细认真审阅，提出了珍贵的意见，并热情地为本书作序，在这里谨向周守标教授表示衷心的感谢！

　　还要特别感谢本书引用资料的原著作者，包括书后没能列出的参考资料的著作者，你们就是我的老师，我就是你们的一个年已八十的学生。

　　本书的出版，得到了安徽师范大学化学与材料科学学院专项科研经费的资助和学院领导的关心与大力支持，以及安徽师范大学环境保护协会指导教师王雨兵老师、荣菁秋老师，第十九届会长张君良同学、第二十届会长金思雨同学、第二十一届会长郭泽宇同学和第二十二届会长戚明强同学与其他多位同学的大力协助，在这里深表感谢！

　　最后，我还要感谢安徽师范大学出版社，感谢郭行洲、祝凤霞编辑，感谢他们对本书提出的宝贵修改意见和付出的辛勤劳动。

宫世国

2020 年 3 月

目 录

一 环境与环境问题

1.环境的概念

环境是相对于中心事物而言的，与某一中心事物有关的周围事物，就是这个中心事物的环境。环境科学中所研究的环境，实际上就是指以人类为中心的人类生存环境（包括自然环境和社会环境），即以人类为中心的周围一切客观事物和力量的总和。用哲学的语言来表述，环境是指以人类为主体的周围一切物质的和非物质的客观存在，是人类赖以生存和发展的必不可少的客观基础。

2014年修订并于2015年1月1日正式实施的《中华人民共和国环境保护法》中明确指出："本法所称环境，是指影响人类生存和发展的各种天然的和经过人工改造的自然因素的总体，包括大气、水、海洋、土地、矿藏、森林、草原、湿地、野生生物、自然遗迹、人文遗迹、自然保护区、风景名胜区、城市和乡村等。"

2.环境的分类

环境作为一个十分复杂的系统，按不同原则可以分为不同类型。

（1）按环境的功能分为生活环境和生态环境。

①生活环境。

生活环境是指与人类生活密切相关的各种天然的和经人工改造的自然因素，如居室周围的空气、水塘、花草、树木等。

②生态环境。

生态环境是指影响生态系统发展、平衡、稳定的各种环境因素，包括气候因素、水文因素、土壤因素、生物因素、地理因素和人为因素等。

（2）按环境的属性分为自然环境和社会环境。

①自然环境。

自然环境是环绕在人类的空间中对人类的生存和发展产生直接影响的一切自然物所构成的整体，即空气、阳光、水、土壤、动植物和微生物等自然因素的总和，包括天然环境和人工自然环境。

天然环境，是人类出现之前就已经存在的人类赖以生存、生活和生产所必需的自然条件和自然资源的总称。

人工自然环境也称人为环境，是人类为了提高物质文化生活水平，在天然环境的基础上进行加工改造形成的环境，如人工景观、城市环境、农村环境和工程环境等。

②社会环境。

社会环境是指人们生活的社会生态系统，即生产力和生产关系及经济基础和上层建筑的统一体。社会环境可细分为政治环境、经济环境、文化环境等。政治环境包括国际政治环境（国际政治局势、国际关系等）和国内政治环境（政治制度、政党和政党制度、政治性团体、党和国家的方针政策、政治气氛等）；经济环境包括国际经济环境（国际经贸关系、经济全球化与经济发展状况等）和国内经济环境（社会经济制度、经济发展状况、经济结构、物质资源以及人们的消费水平和结构等）；文化环境也可分为国际文化环境和国内文化环境，其内涵包括思想意识、价值观、伦理道德、哲学、教育、文化、宗教与生活行为方式等。

（3）按环境的范围大小分为聚落环境、地理环境、地质环境、宇宙环境。

①聚落环境。

聚落是人类聚居和生活的场所。聚落环境就是人类聚居场所的环境或者说是人类居住、生活的环境。聚落环境又可分为院落环境（如社区、校园、医院内的环境）、村落环境、城市环境等。不良的聚落环境对人类的生活质量和人体健康的影响和危害巨大。

②地理环境。

地理环境位于地球的表层，是人类活动的主要地带，是由直接影响到人类生活的大气、水、土壤、生物等自然环境因素组成，通常所说的自然环境主要是指地理环境。

地球呈圈层构造，常划分为大气圈（地球表面的气体层）、水圈（地球表面约3/4被水覆盖，包括海洋、河流、湖泊、冰川、土壤等所有地表水、地下水）、岩石圈（包括土壤圈即岩石圈的一个特别层）和生物圈（包括智能圈即生物圈的一部分是人类活动的范围）。地理环境的范围与水圈、生物圈相当，处于上述各圈层的交错带上。

生物圈是地理环境的中心，是指有生物生存活动的范围，也是人类正常生活的主要环境，包括地壳表面和围绕它的大气层的一部分（最高至海平面以上 $15 \sim 20$ km），以及海洋无光带与弱光带交界处（海平面以下 $10 \sim 11$ km）以上的部分。

地理环境范围内有适合人类生存的基本生活条件，构成人类正常活动的场所。虽然人类的活动已远远超出地理环境的范围，但迄今为止，人类依然只能正常地生活在地理环境之中。

③地质环境。

地质环境即岩石圈，是指自地表以下的坚硬地壳层，一直到地核的内部。它是地理环境（如土壤）的基础，可提供矿物资源、能源，以及深层地下水源。地质环境遭到破坏会引起地表下陷、地裂等，从而对地理环境构成威胁，引发地质灾害，如地震、火山、海啸等。

④宇宙环境。

宇宙环境又称星际环境，即整个地球直到大气圈以外的宇宙空间，其中对人类影响最大的是太阳。太阳是维持地球和人类永续生存与发展的最根本的自然环境要素。地球是太阳系的一个成员，是目前为止人类能够居住生活的唯一星球。宇宙是无限的，但是地球是有限的，地球上的不可再生能源与资源是有限的，人类社会的发展正逐步由地表向宇宙空间扩展。

3. 人与自然环境的辩证关系

人与自然是一个辩证统一的有机共同体，人与自然环境是相互依赖、相互影响、相互制约的辩证关系。但是，需明确的是自然环境可以独立存在，而人类则离不开自然环境。一个人可以一个星期不吃饭，但是很难能三天不喝一口水，更不能几分钟不吸入一点氧气。地球上适合人类生存的地理环境不是从一开始就有的，而是经过了一个漫长的发展演化过程。其发展过程大致分为三个阶段：

①无生命阶段。原始地球表面的大气层在最初期是还原性的，只有一些还原性气体，如氮气、氢气、甲烷等，后来出现了水，但几乎没有氧气，所以不可能有生命。

②生物与其环境辩证发展阶段。30多亿年以前地球上出现了原核生物，开始进入生物与其环境辩证发展阶段。最初的生物是在深海处生存的，因为太阳的紫外线太强，可以杀死浅海处的生物。绿色生物（藻类）出现后，经光合作用将水和二氧化碳转化成有机物和氧气，并随之产生臭氧，逐渐改变了大气层的还原状态，开始形成臭氧层。臭氧层的形成保护了地球上的生物，生物才逐渐由深海处转到浅海处，再逐渐发展到陆地，以后逐步出现了爬行动物、哺乳动物，以及森林、草原等，渐渐形成了生物与其生存环境的对立统一关系。

③人类与其环境辩证发展阶段。在距今200万～300万年前地球上出现了古人类，开始进入人类与其环境辩证发展阶段。

人类的诞生和人类社会的发展，促使地球表面的环境逐渐由简单到复杂，由低级到高级发展起来，逐渐形成了迄今为止人类已知的宇宙间唯一适合人类生存与发展的地球环境。

人类社会的产生与发展，人类的生产与生活活动，虽改善了自然环境，如城市环境系统、农村环境系统的建立等，但一定程度又污染了自然环境，甚至破坏了生态环境。

人类与自然环境之间的辩证关系还表现在相互作用的特殊关系上。若人类对自然环境起正面作用，如通过植树造林、城市绿化等改善环境，则自然环境对人类的反馈作用也是正效用，因为植树造林、城市绿化等改善了小气候，使空气清新，有益于人体健康等。人类对自然环境起的正面作用越大，自然环境对人的反馈正效用也越大。相反，若人类对自然环境起负面作用，如破坏森林、草原等，则自然环境对人类的反馈作用也一定是负效用，如导致土地沙漠化、气候异常，最终影响到人类的生存与发展。同样，人类对自然环境起的负面作用越大，自然环境对人类的反馈负效用也越大。人类若不善待自然环境，必然会遭受到大自然的报复，这是不以人的意志而改变的客观规律，这也是马克思主义自然观早就指明的科学论断。正确处理人类与自然环境的辩证关系，就是要牢固树立尊重自然、善待自然、顺应自然、保护自然的绿色环保生态文明理念，真正实现人与自然的和谐共生。

4. 自然环境问题

自然环境问题可分为原生自然环境问题和次生自然环境问题。

（1）原生自然环境问题。

由自然因素引起的环境问题称为原生自然环境问题，也称第一环境问题，如火山、地震、海啸、热带风暴、洪水、干旱、虫灾、流行病、地方病等。现在看来，有些原生自然环境问题的发生，可能与人为因素有一定的关系，甚至是非常密切的关系。例如，人为因素使二氧化碳等温室气体排放量持续增加所导致的温室效应增强，并由此引发的全球气候变化和极端气候事件（如热带风暴、干旱、洪水等）的频发，就有可能成为某些原生自然环境问题的重要影响因素。因此，我们就不可以再把上述某些原生自然环境问题完全归结于自然因素了，可能既有自然因素，又有人为因素，使问题复杂化。

（2）次生自然环境问题。

次生自然环境问题是指由于人类自身活动（生产、生活活动）作用于人们周围的环境所引起的环境状况恶化，以及这种恶化反过来对人类的生活和健康产生不利影响的问题，如环境污染和生态环境的破坏等导致环境质量下降，对人类的生存产生威胁，我们常把它称为第二环境问题。因为它是由于人类活动而引起的，故又称人为环境问题。我们常把严重的环境污染问题称为"公害"。

根据问题性质的不同，次生自然环境问题可归纳为两类：

①生态破坏：即生态系统的破坏，是指由于人类的不合理开发和利用，自然生态系统的组成、结构、功能发生改变，使生态系统的平衡、稳定遭受破坏。如人为因素导致的植被破坏，并由此引起的水土流失、土壤沙化、土地荒漠化等。

②环境污染：是指人类活动的副产品和废弃物（如生活污水、垃圾、汽车尾气、工业"三废"、农业废弃物等）进入环境后，对生态系统产生的一系列扰乱和侵害。

由次生自然环境问题的分类而引出的自然环境保护的主要内容也可分为两类：其一是自然资源的合理开发利用与生态保护、生态修复，防止自然生态的破坏，常称之为大环境的保护，即生态环境保护；其二是环境污染的防治，常称之为小环境的保护。其实二者密切相关。现在，我国已把原来的"环境保护部"更名为"生态环境部"，将二者统管起来。

5.自然环境问题的产生与发展

自然环境问题的产生与发展是伴随人类社会的发展而变化的，大约经历了三个阶段。人类社会发展的不同阶段有不同的自然环境问题。

（1）原始文明发展阶段。

这一阶段主要是人类盲目利用自然环境资源，滥捕乱杀，造成人口增长与食物短缺的尖锐矛盾。

（2）农业文明发展阶段。

这一阶段，人类开始培育驯化植物和动物，产生了农业和畜牧业。随着农业和畜牧业的发展，人类改造环境的作用也越来越明显地显示出来，与此同时也发生了相应的环境问题。如人类大量砍伐森林，破坏草原，造成水土流失，水旱灾害、土地沙漠化等加剧。这一阶段以生态破坏为主要特点。

（3）工业文明发展阶段。

18世纪60年代，在人类历史上出现了第一次以科学技术发展（如蒸汽机的发明等）为主要标志的伟大的工业革命，人类社会进入工业文明发展阶段。生产力的发展和现代化工业的逐步出现，增强了人类利用和改造自然环境的能力，丰富与改善了人类的物质生活条件。但是，随着工业化的推进，特别是20世纪上半叶，部分工业化快速发展的国家对环境污染问题缺乏认识，导致了新的自然环境问题——以自然环境污染为主要特点的环境问题。

通常把这一阶段自然环境问题的现代化工业阶段划分为三个时期。

①第一次环境污染高发期（20世纪30年代至70年代）。早些年公之于世的世界八大公害事件，就是这一时期的典型环境污染事例。

接二连三的环境污染公害事件的发生，引起了世界各国政府的高度重视。1972年，斯德哥尔摩人类环境会议召开，并通过了《人类环境宣言》，对人类认识环境问题具有重要的里程碑意义。但是，由于人们并没有真正认识到在"人类—经济—环境"系统中，人类应是矛盾的主要方面，人类不应该以大自然的主宰者自居，而应与大自然和谐相处，使经济与环境协调发展，应主动地改变粗放型发展模式，改变生产和生活方式，所以1972年以后，虽然世界范围内的局部环境问题有所改善，但整体上还是不断恶化。

20世纪80年代，世界性环境污染事件不断发生，80年代末全球性环境问题形势十分严峻，出现了自然环境污染问题的第二次高发期。

②第二次环境污染高发期（20世纪70年代末至80年代末）。这一次环境污染高发期的特点是：全球性大气污染严重，全球气候变暖与温室效应增强，酸雨区迅速扩大，臭氧层破坏加快；生态破坏加剧；突发性环境污染事件严重。

据英国核能安全局的统计，全世界平均每年发生200多起严重的污染事故，其中影响范围大、危害严重，引起世界关注的有十多起。例如：1976年7月10日，意大利塞维索化工厂爆炸事故；1984年12月3日，印度博帕尔毒气泄漏事故；1986年4月26日，苏联切尔诺贝利核电站核反应堆爆炸事故；1986年11月1日，瑞士巴塞尔市桑多兹化工厂仓库失火，造成莱茵河污染事故；等等。

鉴于以上种种情况，特别是迫于全球性环境问题的严峻形势，联合国于1992年6月在巴西的里约热内卢召开联合国环境与发展大会。大会关于转变发展观念，实施可持续发展战略，促进经济、社会与环境协调发展达成了共识，自此自然环境问题进入第三个时期。

③全球达成共识，走可持续发展道路时期（1992年6月至今）。1992年6月3日至14日，联合国召开了联合国环境与发展大会，共有183个联合国成员国的代表团和联合国及其下属机构等70个国际组织的代表出席了会议，102位国家元首和政府首脑到会。会议通过了《里约环境与发展宣言》（又称《地球宪章》）和《21世纪议程》两个纲领性

文件。前者是开展全球环境与发展领域合作的框架性文件，是为了保护地球永恒的活力与整体性，建立一种新的、公平的全球伙伴关系的"关于国家和公众行为基本准则"的宣言，提出了实现可持续发展的27条基本原则。后者则是全球范围内可持续发展的行动计划，旨在建立21世纪世界各国在人类活动对环境产生影响的各个方面的行动规划，为保障人类共同的未来提供了一个全球性措施的战略框架。此外，各国政府代表还签署了联合国《气候变化框架公约》和《生物多样性公约》等国际文件及有关国际公约，可持续发展得到世界最广泛和最高级别的政治承诺。以这次大会为标志，人类对环境与发展的认识进入了一个崭新的阶段，全世界环境保护事业的发展得以推动。大会为人类高举可持续发展旗帜，走可持续发展之路发出了总动员，使人类迈出了跨向生态文明新时代的关键性一步，为人类的环境与发展竖起一座重要的里程碑。人类经济社会发展进入21世纪以后，开创了逐步建设全球生态文明新时代。

1992年至今已过去了28年，总的来看，全球环境与发展有许多喜人之处，但也有不少不尽如人意的地方。例如，全球温室气体的排放还没有真正达到预想的减排目标，全球二氧化碳排放总量还在逐年增加，气温升高的趋势还未得到遏止，等等。改善全球生态与环境，节约能源与资源，真正走绿色发展、可持续发展、和谐发展、永续发展之路，走向生态文明新时代，建设面向未来的全球生态文明，共建永久和平、共同繁荣的和谐美丽的人类社会，构建人类命运共同体，还有待全人类的共同努力和奋斗，任重而道远。

6. 20世纪30—60年代末世界八大公害事件

（1）马斯河谷烟雾事件。

发生地：比利时马斯河谷。

发生时间：1930年12月。

公害污染物：烟尘、SO_2（主要由燃煤产生）。

中毒情况：几千人发病，一周内约60人死亡。

（2）多诺拉烟雾事件。

发生地：美国多诺拉。

发生时间：1948年10月。

公害污染物：烟尘、SO_2（主要由燃煤产生）。

中毒情况：四天内5900多人发病，17人死亡。

（3）伦敦烟雾事件。

发生地：英国伦敦。

发生时间：1952年12月。

公害污染物：烟尘、SO_2（主要由燃煤产生）。

中毒情况：五天内约4000人死亡。此后又累积发生12起严重的烟雾事件，死亡近万人。

以上三大烟雾事件，因主要污染物SO_2是还原性的，故均属还原型烟雾，又统称伦敦型烟雾，主要引起呼吸道疾病。

（4）洛杉矶光化学烟雾事件。

发生地：美国洛杉矶。

发生时间：1943年5月至10月。

公害污染物：光化学烟雾，属氧化型烟雾。烟雾主要由石油炼制和燃油汽车尾气排放出的一次污染物（碳氢化合物、NOx等）在日光照射下，经光催化化学反应而产生（属二次污染物），其中含有强氧化性物质，如过氧乙酰硝酸酯（PAN）、O_3等。这些二次污染物对人体健康的危害远大于碳氢化合物、NOx等一次污染物。

中毒情况：大多数居民眼睛红肿，喉炎、呼吸道疾病恶化，65岁以上的老年人死亡400余人。

（5）水俣事件（水俣病事件）。

发生地：日本九州熊本县水俣镇。

发生时间：1953年。

公害污染物：甲基汞（由无机汞转化而成）。主要污染源为氯乙烯合成时使用的催化剂——氯化汞，污染了水体，在微生物的作用下，转化为一甲基汞（CH_3Hg）和二甲基汞（CH_3HgCH_3）。

中毒情况：由于重金属中毒的潜伏期较长，虽然污染事件发生在1953年，但直到十几年后人们才得知病因。水俣病患者180多人，死亡50多人。

（6）富山事件（骨痛病事件）。

发生地：日本富山县（神通川流域）。

发生时间：1931年。

公害污染物：重金属镉。附近铅锌矿的开采与冶炼产生的含镉废水污染了河流，并因灌溉而污染农产品，经食物链进入人体。

中毒情况：骨痛病患者超过280人，死亡34人。

（7）四日事件（哮喘病事件）。

发生地：日本四日市。

发生时间：1955年。

公害污染物：SO_2、煤尘、重金属粉尘。

中毒情况：患病者500多人，有36人因哮喘病死亡。

（8）米糠油事件。

发生地：日本九州爱知县等地。

发生时间：1968年。

公害污染物：多氯联苯（PCBs）。多氯联苯是米糠油生产中的热载体，因管道破损渗漏而进入米糠油中。

中毒情况：患病者5000多人，死亡16人，实际受害者超过1万人。

7.20世纪70—80年代末发生的四大污染事故

（1）意大利塞维索化工厂爆炸事故。

1976年7月10日，意大利塞维索的一家化工厂爆炸，剧毒的二噁英（有致畸、致癌性）扩散到周围环境，使许多人中毒。附近居民被迫迁走，方圆1.5千米内的一切植物不能食用，均被深埋。为了清除土壤中的毒物，高污染区几厘米厚的表土被铲除。时隔多年后，当地居民中畸形儿出生率仍有增加。

（2）印度博帕尔毒气泄漏事故。

1984年12月3日，美国联合碳化物公司设在印度博帕尔市的农药厂，因管理混乱，储存剧毒的异氰酸酯的罐子爆裂导致药物外泄。污染面积达40平方千米，导致6000～20000人死亡，10万至20万人受害，其中许多人双目失明，或终身残疾。这是迄今为止最严重的化学工业污染事故。

（3）苏联切尔诺贝利核电站核反应堆爆炸事故。

1986年4月26日，位于苏联基辅地区（现乌克兰）的切尔诺贝利核电站4号反应堆发生猛烈爆炸，引起熊熊大火，泄漏了8吨放射性物质，造成严重的放射性污染。当时只造成约30人死亡，但由于现场救火只允许救火人员短时作业，参与抢救人员很多，2005年9月6日联合国报告显示可能有4000人死亡，受到放射性伤害的人就更多了。此外，核电站周围13万居民被疏散，邻近国家也受到影响，不少农作物报废。这是迄今为止，人类核电开发史上最严重的一次核反应堆爆炸泄漏事故。该核电站被迫关闭，并用特大型的钢筋混凝土制成的"石棺"将整个核电站封闭起来。

（4）莱茵河污染事故。

1986年11月1日，瑞士巴塞尔市桑多兹化工厂仓库失火，使大量有毒化学品随灭火用水流入莱茵河,造成欧洲十几年来最大的污染事故。靠近事故地段的河流变成"死河":100英里内的大多数鱼类死亡,300英里内的井水不能饮用。当时预计这次事故可能使莱茵河"死亡"10～20年,人们称之为由环境污染引起的"生态灾难"。

8.社会环境问题

目前人类对社会环境中的政治、经济、文化等环境问题的研究,大多停留在社会科学研究范畴,而从环境科学角度,或从人类与社会环境之间辩证关系角度的研究显然还不够,连社会环境科学作为环境科学的一门分支学科也才建立不久。但是,社会环境问题早已经引起我国和许多其他国家的高度重视,如人口问题,社会保障制度问题,民主与法治问题,经济社会能否可持续发展问题,人与人、人与社会的和谐相处问题,特别是战争与和平问题,人类社会如何才能实现和谐发展、共同发展、永续发展等问题,都是社会环境科学必须作出正面回答的问题。研究人类与社会环境之间的辩证关系,改善社会环境,保护人类自己,建设"富强民主文明和谐美丽的社会主义现代化强国","构建人类命运共同体",既是哲学社会科学,也是社会环境科学和社会生态文明建设的重要研究任务。

二　地球和人类面临的十大挑战

人类社会的文明史，经历了漫长的原始文明、农耕文明和三百年的工业文明，正在从工业文明走向生态文明。随着人类文明的发展，特别是20世纪50年代以来，自然科学与技术的突飞猛进，给人类带来了前所未有的物质享受和生活上的便利。人类的聪明才智，虽改造了自然，利用了自然，为人类造福，但是往往同时又污染了环境，破坏了生态。人类历史上有不少自然科学与技术的发展进步、创造发明成了"双刃剑"，其中最典型的例子是核能的研发与利用。核能的和平利用给人类提供了新的清洁型能源，但是，一旦发生重大安全事故，就是大灾难，更不用说核武器与核大战了。

历史和现实清楚地告诉我们，当今和未来人类经济社会的发展面临着诸多生态、资源与自然环境问题，以及社会环境问题的挑战。这些问题可以归纳为十大类：①人口问题；②土地资源与粮食安全问题；③淡水资源短缺与水环境污染问题；④能源危机问题；⑤全球气候变化问题；⑥生态安全与生态危机问题；⑦遗传基因变异问题；⑧宇宙环境问题；⑨战争与和平问题；⑩人类经济社会能否可持续发展问题。

1. 人口问题

人口问题包括人口总数的快速持续增长或快速持续下降问题，人口结构严重不合理和老龄化问题，男女性别比例严重失调问题，人口素质问题，等等。就世界范围来看，其中最难以解决的问题是人口总数的快速持续增长和人口素质问题，特别是生态文明素质问题。我国目前人口的最大问题是老龄化问题。据报道，我国2017年底60岁及以上老人达2.41亿，占人口总数的17.3%，而这一比例超过10%就标志着一个国家进入老龄化社会。

人是人类生态系统的中心，是食物链的最高级消费者。世界人口总数受到地球资源、生态与环境极限承载力的限制。而今天，甚至未来几十年、上百年，全世界的人口总数仍然会快速增长，目前平均年增长率仍大于1%，特别是亚非拉贫困地区与国家的人口增长更快，人口增长问题成了影响人类生存与发展的主要威胁之一。据报道，世界人口超过60亿的日期是1999年10月12日，而2011年10月31日，时隔仅约12年，世界总人口已达70亿。近年来，世界人口几乎每年净增加7500万至8500万人。人类如果没有生态文明的理念，就不会有科学合理计划生育的意识，也就不可能自觉有效地调控人口，人口总数是完全可能按指数增长规律而迅速持续增长的。如果没有地球资源、生态与环境的限制，那么世界人口是可以无限增长的。但是，地球资源、生态与环境是有限的，当人口总数达到一定极限时，可能会突然大幅下降。据联合国的报告，预测世界总人口到2030年达85亿，2050年达97亿，2100年可能达110亿（当然这个预测不可能很准确），而地球的人口承载力一般认为是80亿（我国的人口承载力是16亿）。当地球资源、生态与环境的能力不能供以人类维持时，人类自身生态系统的平衡被打破，人口可能会突然大幅下降，那将是人类社会的大灾难。如何运用人类生态学、人口学的科学理论和生态文明的价值观来解决好这一世界难题，真正实现全人类的可持续发展、和谐发展、永续发展，乃是当今和未来人类面临的重大问题之一。我们需要树立和弘扬科学的、生态文明的计划生育理念，把人的生育权与生存权相联系，不再把生育权仅仅看作个人的权利，而要把自己融入人类生态系统之中，要利用人类的聪明与智慧，自觉理性地处理好人与自然生态系统的平衡稳定和谐安全。现在，某些国家在探索外星球，希冀能寻找到地球的"兄弟"，想以此拓展人类活动的空间和为人类提供资源，甚至想象向火星移民等，就现在来看这显然是不太现实的。一个最理想的状态是，在人口总数达到地球极限承载力之前，就能够实现人口总数的"零增长"，并实现长期维持人口结构科学合理与相对稳定状态，以保持人与自然生态系统的平衡稳定和谐安全。

目前，我国人口总数已达 14 亿，预计今后若干年仍会持续增长。为了调整人口结构，解决我国人口老龄化速度过快的问题，从 2016 年开始全面放开"二孩政策"，人口年增长率在 2015 年 0.58% 的基础上可能会逐步上升。因此，如何解决好控制人口总数和避免人口老龄化过于严重这一矛盾，乃是一个很深的人口学问题。据研究，一个最理想的计划生育政策实施的结果是每位妇女一生平均生育率为 2.2 左右。

2. 土地资源与粮食安全问题

这是与人口问题密切相关的问题。人口的不断增加，加上城市发展的各项建设用地的增加等，使人均耕地面积逐渐减少，这是对后代人的生存与发展会带来危险的一个实际问题。土地资源虽然是可再生资源，但再生周期长。有研究表明，自然界每生成 1 cm 厚的土壤层需要几百年的时间，甚至更长，而水土流失一年就可能流失 1 cm 以上厚的土壤层，更不用说各种建设用地了，耕地被建设用地侵占后就完全失去了耕地原来的生态功能。全球总面积的 70% 被海洋水面覆盖，而陆地中：有约 20% 的地区太冷，终年积雪或为冻土；20% 以上的地区太干旱，多为沙漠；20% 的地区太陡峭，为陡坡山地；10% 的地区没有土壤；余下的约 30%（约 0.444 亿平方千米）为人类的栖息地，其中可耕地只有 0.295 亿平方千米。然而，大部分可耕地属于低产的土壤，那些城市周围较肥沃的耕地，往往最容易被人们开发作为城市经济社会发展之用。我国的耕地面积目前仍大于 20 亿亩，人均达 1.5 亩。但是，我国目前处于高质量发展时期，耕地面积仍有可能不断减少，确保 18 亿亩的耕地红线难度很大。所以，总的来看，世界上优良的可耕地面积是不足的，再加上土壤环境的严重污染，生产出的可能是不能食用的"毒大米"等，目前某些地区的粮食是短缺的，土地资源与粮食安全问题应引起我们的高度重视。虽然我国现在粮食的总储备量很大，但是，我国已成为粮食净进口国（主要进口大豆）。现在世界上某些国家和地区存在粮食危机，非洲贫困地区饥饿人口很多。因此，节约每一寸土地，确保土地资源，特别是耕地与粮食安全是人类当今和未来面临的重要问题。任何国家出现了耕地与粮食危机，都将是这个国家的灾难。

3.淡水资源短缺与水环境污染问题

水是自然界的基本环境要素，既是自然资源又是经济资源，更是战略资源，是人类经济社会可持续发展的关键性资源。水是人类等一切生命有机体赖以生存的物质基础，没有水就没有生命，水资源短缺或遭受污染，危害人类的健康、安全与生存，影响工农业的发展，特别是粮食的生产与食品的安全。因此，水是极其宝贵的自然资源和必不可少的环境要素。

水是可以更新的自然资源，它利用太阳能的驱动，通过自身的循环过程，不断地复原，完成自然循环。地球上的总储水量很大，大约有13.86亿立方千米，但是，大部分的水存在于海洋中，淡水资源只占2.53%，而且大多以冰川、冰帽常年冻结状态存在，无法为人类直接使用。可被人类直接利用的淡水资源仅占淡水总储量的0.34%，还不到地球总储水量的1%。而能够参与全球水循环，每年得以恢复和更新的淡水资源就更少了，其数量还不到全球总储水量的万分之一。这部分淡水与人类的关系最为密切，也是最宝贵的、最有利用价值的，可在较长时间内保持稳定供人类使用。但是在一定时间空间范围内，它的数量是有限的不足的。水资源不是人们过去所想象的那样取之不尽、用之不竭，世界上许多干旱地区严重缺水。我国是严重缺水的国家之一，虽然淡水资源约为2.8万亿立方米，储量居世界第六位，但我国人均水资源量仅有2000多立方米，约为世界人均占有量的1/4。问题的严重性还在于地球上的淡水资源在时间与空间的分配上是不均匀的。由于自然的因素，水资源在不同季节、不同年度、不同国家和不同地区的分配（分布）不均，有的地方经常发生旱灾，有的地方经常发生洪涝，有的地方雨季集中在夏季，而秋、冬、春季发生旱灾，等等。不少干旱地区年降水量不到 50 mm，而年蒸发量却非常大，严重影响到农业生产，甚至连饮用水都无法充足供应。常年干旱还容易导致土地荒漠化、沙漠化。此外，水环境的污染使得清洁的水资源更加不足。地球淡水资源的不足和严重的时空分配不均，以及水环境的污染，严重地制约了人类经济社会的可持续发展，甚至严重影响到了人类的健康、安全与生存。

4. 能源危机问题

这里主要是指石油危机问题。在常规能源中最先出现危机的可能是石油，按照目前世界石油的消耗速度，不需要 50 年就会出现石油危机。石油危机不仅影响交通运输，而且影响化工原料的供给，以及化肥、农药、医药、日化用品的生产等，从而对农业生产、粮食安全、人类的健康与安全产生影响，甚至影响国家安全。目前，我国石油的对外依存度已达 70%，天然气的对外依存度已达 40%。如何破解石油危机，解决好能源危机问题，是世界各国面临的重大挑战。虽然煤炭资源相对较为丰富，按储藏量还可以用 200 年以上，石油、天然气、页岩气、可燃冰的储藏还会有新的发现，页岩气、可燃冰的开采利用前景美好，但是因受全球气候变暖的限制，已不可能再大量继续开采利用煤炭等化石能源了。煤、石油、天然气、页岩气、可燃冰等储藏在地下，是自然界中碳的一大贮存库，在维持地球的碳平衡中具有重要的生态学价值，如果完全开采利用，就很有可能打破自然界的碳平衡，造成大气中的 CO_2 浓度过高，从而引发全球气候变化，甚至引发地球灾难。因此，倡导节约能源，发展绿色可再生能源，是解决能源问题的根本措施。我们不能等到化石能源全部开采利用完再去开发可再生能源。第三次工业革命的倡导者，美国学者杰里米·里夫金就提出用互联网技术加上太阳能等绿色可再生能源来拯救人类，这在他的《第三次工业革命》一书中有详细论述。

5.全球气候变化问题

这是与能源问题密切相关的问题，也是近30多年来国际社会普遍关注的全球环境问题。联合国近年来每年都要召开气候大会，研究、商讨全球气候变化问题，希冀制定具有法律约束力的公约、协定来控制和减排CO_2等温室气体，以阻止全球气候变暖的变化趋势。因此，如何应对全球气候变化，保护人类赖以生存与发展的地球环境，是最近几十年来国际社会关注的焦点问题，也是未来20～40年地球与人类面临的重大挑战。未来20～40年是保护地球、拯救人类的关键时期，如果人类错过了这个时期，其后果是难以预料的。在1900—2000年的100年间，全球平均气温上升了约0.6 ℃，而进入21世纪以后，平均气温的上升速度在加快。

2007年，联合国政府间气候变化专门委员会（IPCC）的第四份气候变化评估报告显示，预计到2100年全球气温平均升高1.8～4 ℃，海平面上升18～59 cm，同时措辞强烈地指出人为因素排放过多的CO_2等温室气体成为全球气候变暖的主要原因是不可争辩的事实。问题的严重性还在于不同纬度的地区气温上升的多少有明显的差异：全球平均气温若上升2 ℃，赤道附近只上升1 ℃，而南北极则可能上升6 ℃。这就会造成大量的冰帽、冰川融化，海平面上升，并且海水温度的升高可影响到大气环流，导致气候异常，极端天气频发，甚至淹没岛国，诱发地震、火山、海啸等灾害。据报道，现在全球空气中CO_2的平均浓度已超过400 ppm（是300万年以来的最高值），并且每年仍以1 ppm的速度在增加，而科学家预测，空气中CO_2的浓度以450 ppm为安全极限值的上限，超过这个极限值就有可能造成不可逆转的后果，即人类无法控制和挽救现有的局面，并且会恶性循环。现在人们最担心的还有，在冻土地带的永冻层内，在漫长的地质时期里，封存了由腐烂植物产生的大量甲烷，而当气温升高时，这些甲烷气体释放出来，会进一步增加温室效应，因为甲烷的温室效应是CO_2的20倍以上。这样一个过程进行下去，将会使气候变暖的程度和速度超过人类所能承受的极限，会引发人类至今还无能力预见的灾难。面对这样一个全球性重大问题，全人类必须达成共识，共同努力去迎接这一挑战。值得庆幸的是，2015年11月30日—12月12日，于法国巴黎召开的联合国气候变化大会通过了《巴黎协定》（以下简称《协定》），各缔约方一致认为到2100年要控制全球气温上升幅度，与工业革命之前相比不得超过2℃，并向不超过1.5℃的方向努力（现在已上升了1℃）。《协定》于2016年4月22日正式签订，并于2016年11月4日正式生效。《协定》生效后就靠世界各国按"自主贡献"的承诺去实施。但是，世界各国能否认真去落实"自主贡献"的承诺，还需拭目以待。我国承诺的"自主贡献"主要目标是到2030年左右CO_2排放总量达峰值，单位国内生产总值（GDP）排放CO_2量在2005年的基础上减少60%~65%。2017年6月1日，美国总统特朗普宣布退出《协定》，这给《协定》的执行和目标的实现带来不确定性，遭到了国际社会的普遍谴责。

6.生态安全与生态危机问题

人为因素造成的环境污染与生态环境的破坏，导致大范围甚至整个生态系统组成、结构和功能的破坏，以致造成生物多样性减少，濒危物种逐渐灭绝，草原退化，土地荒漠化、沙漠化等恶果，加剧破坏了自然生态系统的平衡。

此外，许多有毒、有害污染物通过食物链进入人体长期累积，直接威胁到人类的健康、生存与繁衍。

前面介绍的全球气候变化问题，如果不能有效应对，也将会给全人类的生态安全带来威胁，甚至使整个地球生态系统崩溃。

7.遗传基因变异问题

遗传基因变异是生物进化的基础，即可自发产生，也可诱发产生，是生物界的一种自然现象。但是，由物理、化学或生物等因素引起的某些病毒、病菌发生遗传变异，产生新的超强病毒、病菌，引发人类传染疾病，其病亡率很高，如埃博拉出血热、中东呼吸综合征、非典（SARS）、禽流感、新冠病毒性肺炎（COV1D-19）等；还有人的基因突变诱发癌症等。此外，因长期使用或滥用抗生素而引起的病原菌耐药性逐渐增大，所导致的原有抗生素药物失效的问题等，都直接威胁到人类的生命健康与安全。因此，如何防控和科学应对遗传基因变异对人类生命与健康带来严重威胁的生物安全与人的生命安全问题，是人类当今和未来共同面对的重大挑战之一。

8.宇宙环境问题

一般认为宇宙环境问题距离人类较远，在短时间内不会发生什么严峻问题。但是，随着航天事业的发展和宇宙科学与技术的进步，人们发现有两个方面的宇宙环境问题值得人类重视和研究。其一是成千上万的人造卫星残骸、碎片污染了太空，成了永久性的"太空垃圾"，可能对宇航和卫星通信等安全造成影响。目前太空中直径大于 1 m 的碎片有5000多个，大于 10 cm 的有 2 万多个，而大于 1 mm 的约有 1.5 亿个，而且在逐年增加。问题的严重性在于3000千米以上高空中几乎没有氧气，垃圾无法降解，无法消除，至少从目前的科学与技术水平上来说是如此。现在日本、英国等国家正在试验研究如何把"太空垃圾"收捕，带回大气层而使其自燃消除，并呼吁世界各国共同研究。其二是太阳系的小行星有可能撞击地球问题，当然这个可能性很小，但是即使可能性再小，也需要认真对待。一旦有直径较大的小行星撞击地球，就是地球的大灾难。据报道，有一个直径约400 m的小行星，每3年一个周期靠近地球的轨道，预计约150年内不会撞击地球，但也有科学家表示很难下定论，因为小行星的运行轨道可能因周围环境的影响而改变。如何避免和消除小行星撞击地球的危险，乃是人类共同面对的挑战，需要世界各国，特别是发达国家需做出科技贡献。

9.战争与和平问题

战争与和平问题既是哲学家、政治家、战略家们研究的重点，也是社会环境学家、社会生态学家高度关注的问题。如何防止国内战争、局部战争？如何防止世界大战，甚至是核大战？如何反恐，如何消除恐怖主义？如何构建永久和平、共同繁荣、生态文明的人类社会？如何构建人类命运共同体？如果战争与和平问题不能从根本上得到解决，就会成为人类社会发展的真正危机。

战争问题既是社会环境问题，又是自然环境问题。战争不仅直接杀伤人类，威胁人类的生存，而且战争所产生的环境污染和生态破坏比一般性环境污染事故大得多。绿色文化、生态文化和生态文明价值观强调的是人类是一个生命共同体，这是客观事实。因此，人类应该成为利益共同体、命运共同体；强调"以人为本"，要珍惜人的生命，珍爱永久和平；强调以和平方式解决国际争端；强调推动世界的公平、正义与永久和平。一切侵略战争都是反人类、反文明、反社会的罪恶行径。前面介绍的八大问题，除人口问题以外，其他都属于自然环境问题，人类那么努力地解决人与自然的和谐共生问题，但是，一旦爆发战争，可能一切就会化为乌有，甚至造成整个地球和人类的毁灭，后果不堪设想。

习近平在2015年9月3日纪念中国人民抗日战争胜利暨世界反法西斯战争胜利70周年大会上的重要讲话中，向国际社会发出了呼吁：为了和平，我们要牢固树立人类命运共同体意识。2017年1月18日，习近平出席"共商共筑人类命运共同体"高级别会议，发表了题为《共同构建人类命运共同体》的主旨演讲，向世界发出并阐释了"构建人类命运共同体，实现共赢共享"的重大国际倡议。2017年10月18日，习近平在党的十九大报告中，更是详细地论述了这一问题。这都为人类经济社会的未来发展，实现世界的永久和平、共同繁荣和人类社会的文明进步指明了方向。

10.人类经济社会能否可持续发展问题

上述九个方面问题，如果有任何一个方面出现了严重危机，都会是人类的灾难，就不可能实现人类经济社会的可持续发展、和谐发展、永续发展。

关于人类社会的未来，国际上过去有过以"罗马俱乐部"为代表的"悲观派"观点，其观点集中反映在《增长的极限》（1972年）一书中。有人批评他们的观点是"新马尔萨斯人口论"，但是《增长的极限》一书的出版的确给当代人类敲响了警钟。该书首次提出应把"发展"与"增长"的概念区别开来，提出"平衡发展"的观念，并建议发达国家可以是"零增长"。与"罗马俱乐部"悲观派相反的是一些乐观派持过于乐观的观点，他们从纯哲学的角度出发，认为人类的科学技术等各方面的进步，完全可以解决好人类面临的种种挑战。但是，其实若世界各国不能做到统一认识，通力合作，共同努力奋斗，那么乐观派的观点就可能有部分落空，甚至完全落空，他们便成了"盲目的乐观派"。因此，正确的观点应是正视问题的存在，意识到问题的严重性，要把这些问题视为人类共同面对的问题，要脚踏实地去共同认真解决好这些问题，这就是1987年正式形成的可持续发展观念，也可以看作现实派的观点。1992年，在巴西里约热内卢召开的联合国环境与发展大会上，可持续发展成为一种共识，把可持续发展定义为："既满足当代人的需要，又不对后代人满足其需要的能力构成威胁和危害的发展。"可持续发展观所设计的是人类的一种理想，是指引人类生产与生活活动的奋斗目标。但是，可持续发展观提出至今已30多年了，世界上还有不少国家、地区仍在不可持续发展的老路上盲目地、艰苦地、痛苦地走着。值得高兴的是，联合国于2015年9月通过了《2030年可持续发展议程》，标志着世界各国普遍接受了到2030年的可持续发展战略。因此，贯彻落实可持续发展战略，并深入研究如何才能真正实现全人类经济社会的可持续发展、和谐发展、永续发展，成为人类共同面临的重大问题。只有绿色发展，才能实现可持续发展；只有可持续发展，才能实现和谐发展、永续发展。

三　大气环境污染问题

1. 雾与霾的概念

雾是由水蒸气以细微颗粒（包括冰晶）为核凝结成雾滴（直径1～40 μm）分散在大气中而形成的，相对湿度较大（>90%）。由于光的散射，雾天的能见度较低，但它对人体健康的影响较小，主要表现为由于潮湿而对人的皮肤、关节有影响，另外，对交通安全会产生影响。一般发生在晴天的晨雾，当太阳升起后会逐渐消退，这是一种自然现象，而阴天的大雾可以持续几天。

霾是由细微颗粒（包括固态、液态的微粒）分散在大气（包括气态污染物在内）中而形成的（粒径在0.001~100 μm的颗粒分散在大气中都可以形成霾）。霾又可称为气溶胶，是一个固、液、气三相共存的相对稳定的空气混合物，可连续几天不消失，有的会在晴天中午前后（上午10点至下午3点）加重，这可能是由于发生光化学烟雾加重造成的。

霾中含有的化学污染物主要包括一次污染物和二次污染物。一次污染物包括SO_2、NO_x、CO、烟尘（黑炭）、黏土（扬尘）和各类烃类、烃的衍生物、油脂等挥发性有机物（VOCs），以及多种金属化合物微粒。二次污染物包括$(NH_4)_2SO_4$、NH_4NO_3、其他硫酸盐和硝酸盐、苯并芘、蒽等稠环芳烃，以及由各类烃类和NO_x在阳光照射下发生光化学反应而产生的光化学烟雾中的二次污染物——O_3、过氧化乙酰硝酸酯（PAN）等，甚至还可能有由于垃圾焚烧而产生的毒性更大的强致癌物二噁英。

硫酸盐等固体微粒对光的吸收和散射能力较强，因而能大大降低大气能见度。

雾霾是雾与霾的混合物，只是不同时段、不同地区其混合比例不同而已，有的以雾为主，有的以霾为主。从防治空气污染的角度考虑，向雾霾宣战，其实质是向霾宣战。

2.PM10和PM2.5的概念

通常大气中的细微颗粒，较大的称为沙尘（粒径大于 200 μm），较小的称为粉尘（粒径小于 200 μm）。粉尘又可细分为降尘和飘尘。粒径大于 10 μm 的固体颗粒，在重力作用下，可在较短时间内沉降到地面，称为降尘；粒径小于 10 μm 的固体颗粒，能长时间悬浮于大气中，故称飘尘。

在空气质量检测中，我国统一命名的可吸入颗粒物，是指粒径小于等于 10 μm 的大气颗粒物，用 PM10 表示，可进入呼吸道，对支气管产生影响。这是我国 2015 年以前就实施的空气质量检测项目。

2015 年 1 月 1 日生效的我国新环境保护法中增加了一项 PM2.5 检测项目，即粒径小于等于 2.5 μm 的颗粒物，并命名为细颗粒物，用 PM2.5 表示。

PM10、PM2.5 是我国目前大气环境监测中的两项重要污染指标，此外还有 SO_2、NO_x、CO、O_3，共 6 项，而 VOCs 至今仍没有被列入常规监测的指标。之所以增加了 PM2.5 检测项目，是因为 PM2.5 对人体健康的影响较大。其主要原因是其颗粒更小，可进入肺泡，进而进入血液。而粒径大于 2.5 μm 的颗粒，主要停留在上呼吸道，进入不了肺泡，危害相对较小。若只检测 PM10，则其中有的可能大部分是粒径大于 2.5 μm 的颗粒，也可能大部分是粒径小于 2.5 μm 的颗粒，所以，只有 PM10 的检测数据，不能反映客观情况。另外，由于 PM2.5 的颗粒小，比表面积大，具有很大的表面能，可以吸附大量的其他有害气体和微粒，如前面介绍的空气中的一次和二次污染物，所以，PM2.5 是霾中较易检测的主要污染物。

霾可直接伤害人的呼吸系统，主要引起咳嗽、支气管炎，刺激眼睛，可诱发哮喘，严重者可能发生呼吸困难、肺阻塞性疾病，还有可能导致癌症的发生，特别是肺癌，甚至导致死亡。联合国卫生组织2013年的研究报告明确指出：空气污染物混合物是一类致癌物，即已经确定了的对人类可以致癌的污染物，必须引起我们的高度重视。

3.霾的主要污染源

霾的污染源可分为天然污染源和人为污染源。天然污染源主要有火山喷发、森林大火、沙尘暴等。人为污染源主要有：

①燃煤。如火力发电、燃煤锅炉、炼铁、炼钢、炼焦、水泥等重化工企业的废气排放。一般煤中含有1%左右的硫，劣质煤如褐煤，有的含硫量高达5%，燃烧时产生大量的SO_2，若燃烧不完全则可产生大量的烟尘（黑炭），看上去就是黑烟滚滚。另外，煤炭等可燃物在空气中高温燃烧时都可以产生NO_x。

②石油炼制与各种石油制品（汽油、柴油、重油等）的燃烧。石油炼制过程的副产物小分子的烃类若不能充分回收利用，则将经燃烧而进入空气；大量燃油汽车尾气的排放是城市霾的重要污染源，其中柴油机车的尾气污染远大于汽油机车的尾气污染。重油锅炉、重油发电也是重要的污染源。

③垃圾、农业废弃物燃烧，包括垃圾发电，露天焚烧秸秆、树枝、落叶等。

④建筑工地扬尘、爆破拆迁，以及道路扬尘等。

⑤露天烧烤、厨房油烟等，其中的烟气内含有致癌物。

⑥燃放烟花爆竹，以及烧纸钱、烧香、烧遗物等祭祀文化活动中空气污染物的排放。

⑦吸烟。有实验证实，在一个14平方米的房间内吸三支烟，就可以使屋内的PM2.5由13微克/立方米上升到420微克/立方米。烟气中有几千种污染物，其中稠环芳烃有100多种，且18种以上有致癌性，还有放

射性物质和重金属。

⑧室内装潢污染。主要是苯、二甲苯、甲醛等有害污染物，苯、甲醛等都是致突变物，也可以致癌。

上述前六项主要是城市霾的污染来源，而后两项主要是造成室内空气污染的原因，与人体健康关系更密切。

4.雾霾天气的成因

（1）大气污染物的大量排放。

雾霾天气主要是大气污染物的排放量过大，超过了大气环境的承载力（环境容量）而慢慢积累的结果。大气环境和水环境、土壤环境一样，也具有一定的自净能力，主要靠风和雨的作用，风可以扩散、迁移污染物，雨可以吸收、溶解、吸附污染物。另外，小颗粒之间可通过相互吸引而聚结成较大的颗粒（粒径大于 $10 \mu m$）后沉降到地面；还可以发生化学反应，特别是光化学降解和催化降解，使有毒、有害的污染物分解转化为低毒或无毒物。但是，上述自净能力是有限的，当污染物排放量大于自净能力时，污染物逐渐积累，特别是大气的自净能力是随时随地可变的，时空的分配是不均衡的，如果连续多日无风、无雨，又处于大气异常稳定状态而形成静稳天气，则最易发生雾霾。

（2）气象因素。

空气相对湿度较大（90%以上）且低温（秋冬季）时，容易形成雾，而霾形成时空气相对湿度较小（60%～70%），且与温度关系不大，夏天也可以形成。但在秋冬季容易形成雾的条件下，霾的形成也容易，所以，雾与霾往往在秋冬季相伴而生。我国过去几年秋冬季雾霾较严重，与冬季取暖方式（燃烧散煤和主要靠燃煤供暖）有关。

当大气处于静风（无风）期，水平方向的空气流动受阻，污染物无法在水平方向上扩散、迁移，造成污染物积累。如果城市上空形成逆温层（高空气温高于低层气温时称为逆温，形成逆温层），大气层结更稳定，污染物垂直向上的扩散、迁移受阻，造成污染物积累更严重。逆温层越厚，逆温梯度越大，污染物的积累越严重。

根据逆温发生的原因，逆温可以分为以下几种类型：

①辐射逆温。一般来说，在晴朗无风的夜间，地面热辐射强烈（散热），近地面的大气层迅速降温，而上层大气层降温较慢，因而出现辐射逆温。辐射逆温多发生在对流层的近地层，夏季出现较少，冬季最强，对污染物的积累作用大。日出后地面受太阳辐射，使近地面大气层增温，逆温就渐渐消失，或逆温层的厚度减小，逆温梯度降低。辐射逆温层的厚度一般可达200～300 m，甚至高达400 m。

②下沉逆温。由于空气下沉压缩，由低压区进入高压区而放热（绝热压缩而放热——热力学规律），引起增温而形成逆温，多发生在高空大气中。

③平流逆温。由暖空气团平流到冷地表面而形成逆温，如冬季沿海地区海平面上暖气流到大陆上，可形成平流逆温；南方的暖空气流到北方的冷地面上空，也可形成平流逆温。

④锋面逆温。当冷、暖两种气团相遇时，暖气团位于冷气团之上而形成的逆温，称为锋面逆温。

⑤地形逆温。这种逆温是由于局部地区的地形而引起的。例如，城市四周是高山，或在盆地、谷地中，当日落后进入夜晚时，由于山坡散热较快，近山坡上的冷空气就会沿着斜坡下沉，使城市中心区或盆地、谷地温度较高的暖空气抬升，这就形成了上部气温比下部气温高的逆温。北京西部、北部和东北部环山，洛杉矶三面环山，故地形逆温是这两个城市逆温层形成的重要因子。因此，地形逆温是城市选址时需要考虑的因素之一。

（3）城市热岛效应（热岛环流）的影响。

城市热岛效应是指城市中的气温明显高于外围郊区的现象。城市与外围郊区的温度差异引起局地风，并形成环流，故又称热岛环流，这个城市就是"热岛"。据统计资料，城市与外围郊区平均温差一般为 0.4~1.5℃，有时可达6~8℃，城市规模越大，高层建筑、水泥路面越多，城市绿化面积越小，特别是树林面积越小，而相对的外围郊区绿化越好，城乡温差就越大，热岛效应就越强。由于城市气温比外围郊区高，特别是夜间，气压比乡村低，所以可以形成一种从外围郊区吹向城市的局地风，这种风在市区汇合，就会产生上升气流，并形成环流。因此，若城市周围有较多的产生大气污染物的重化工企业，则会使污染物在夜间向市区输送，造成污染物积累，这是典型的"大城市病"。城市热岛环流的形成，是城市大气污染物不易迁移、扩散，从而造成积累的重要原因之一。因此，在城市生态规划与建设的过程中，仅仅把污染企业由市中心迁到城市周边是解决不了问题的。同理，仅仅在市中心区禁放烟花爆竹，而在外围郊区不予限制，也是不科学的。

（4）区域之间的相互影响。

一个大区域范围内的不同城市是相互影响的。霾的高度可达1 km~3 km，而且在一定的条件下可以长时间、远距离迁移，一个地方产生的严重霾可以传输到数千千米以外的地方。

5.如何防治霾

①首先要加强宣传教育，提高认识，转变旧观念。实施绿色发展，把实现"经济绿色化""生产方式绿色化""生活方式绿色化"作为宣传口号，发动群众，全民动员，全国上下达成共识，统一行动，保卫蓝天，战胜雾霾。

②转变经济发展模式，改善能源结构，淘汰高污染和产能过剩企业，加快发展绿色经济，实现经济绿色化。

③加快发展清洁型可再生新能源。

④加强立法、监督，制定污染总量控制指标，严格节能减排的监督，特别重视控制各种烃类等可挥发性有机物和NO_x的排放，因为这是导致光化学烟雾发生的主要一次污染物。

⑤加快发展公共交通，控制私家燃油汽车的快速增长，提倡步行和骑自行车，倡导"绿色出行"。

⑥加快发展电动汽车，但要注意与清洁型绿色能源相匹配。

⑦提高燃油油品的质量，降低油品的含硫量；提高汽车发动机的效能，安装尾气净化器，禁止尾气不达标的车上路行驶；柴油机车尽可能限制进入主城区，特别是雾霾天气时更应该控制。

⑧发展高科技，发展煤的清洁利用技术，如煤的液化、脱除煤中的硫等；提高煤的热电转化效率，争取上升到50%～60%；充分利用热能；加快烟气除尘、脱硫、脱硝的实施和技术升级，特别是脱硝，更要引起重视。

⑨严格控制或禁止燃放烟花爆竹，禁止露天烧烤，禁止露天燃烧作物秸秆、枯枝落叶。

⑩科学规划城市的发展，建设绿色生态美丽城市，特别是要控制好1000万以上人口的超大城市的发展，一个城市的人口规模并不是越大越好。

⑪要实施区域联动，制定统一的目标，共同行动。

⑫注意个人和家庭的防护，如雾霾天气戴质量合格的口罩，家庭安装质量合格的空气净化器等，在严重雾霾天气里尽可能不外出，更不要到户外运动。

总之，防治雾霾的方法很多，问题的关键是"防"，防止污染物的产生，尽可能减少污染物的排放，全社会共同努力，全民行动，战胜雾霾。

6.酸雨问题（大气酸沉降）

1872年，英国化学家史密斯根据当时英国工业发展所造成的大气污染等情况，在所著《空气和降雨：化学气候学的开端》一书中首次使用了"酸雨"一词。现在统一用大气酸沉降的概念来代替酸雨的概念，其定义是：pH<5.6的天然降水（湿沉降）和酸性气体及颗粒物的沉降（干沉降）。它包括雨、雾、雪、冰雹、尘等形式的酸沉降。因降雨是降水的最主要形式，且直观而易于检测，故一般常狭义地或习惯上仍将大气酸沉降称为酸雨。

西欧20世纪三四十年代就已经发生了严重的酸雨问题，雨水的pH降低到4.0～4.5。70年代以后，继北欧后，美国、日本、东欧相继观测到严重的酸雨现象，形成了两大酸雨中心：第一大酸雨中心是欧洲，第二大酸雨中心是北美。我国的酸雨现象发展也很快，自1979年开始发现并注意到西南地区（以贵阳、重庆为中心）的酸雨，雨水的pH最低至4.0，酸雨频率（酸雨次数占全年总降水次数的比例）达80%。此后，广州、南宁、福州、厦门、南昌、长沙、上海、杭州、无锡、南京、青岛等地均发现不同程度的酸雨。进入20世纪90年代，我国长江以南的大片地区出现酸雨，成为世界上第三大酸雨中心。由此，我国三分之一以上的国土受到酸雨的影响。进入21世纪以后，我国南方酸雨区没有什么变化，污染范围没有扩大。但是，2001—2005年的五年间，我国SO_2的排放量增加了约27%，平均每年增加5%以上，2005年，SO_2的排放量达2549万吨，居世界第一位。同时，随着我国汽车工业的快速发展，汽车尾气的排放量大幅增加，NO_x在酸雨中的比例正在逐年增大。目前，我国的酸雨正在由以硫酸型为主向硫酸、硝酸混合型转化。2010年之后，我国酸雨问题开始向好的方向发展，酸雨区域大幅缩小。

其实酸雨现象与雾霾天气的发生是有一定关联的，它们的主要污染源是相同的。在发生雾霾的时段内，若遇到下雨，雾霾中的酸性物质和其他颗粒物溶解或吸附于雨水中，消除了雾霾，但产生了酸雨。酸雨中的化学污染物成分基本上与雾霾中的主要酸性成分相似，主要有硫酸、硝酸、盐酸和有机酸，以及由强酸、弱碱反应生成的酸式盐，如 NH_4HSO_4 等。

由于酸雨的化学组成很复杂，其中的离子种类也很多，限于分析条件等原因，一般酸雨监测中所测定的离子主要有：

阳离子：H^+、NH_4^+、K^+、Na^+、Ca^{2+}、Mg^{2+}；

阴离子：SO_4^{2-}、NO_3^-、Cl^-、HCO_3^-。

其中，K^+、Na^+ 一般含量很低，Na^+ 和 Cl^- 常有一定的相关性，在近海地区含量较高。

根据溶液的电荷平衡原理，雨水中的阳离子所带总电荷应等于阴离子所带总电荷。在酸雨阳离子总量中，H^+、NH_4^+、Ca^{2+} 往往占80%以上，而阴离子中 SO_4^{2-}、NO_3^- 占绝对优势。在通常测定的酸雨中，H^+、SO_4^{2-}、NO_3^- 浓度越大，酸性越大，而 Ca^{2+}、Mg^{2+}、HCO_3^- 浓度越大，酸性越小。

酸雨的主要危害有：

①直接危害树木、农作物，可造成植物大面积死亡。

②使土壤酸化，加速酸性淋溶，使土壤养分流失，肥力下降。

③使湖泊酸化，造成"死湖"，水生生物大量死亡。

④对钢铁构件、建筑物、古迹、石雕、铁桥、铁塔等造成严重腐蚀。

⑤对人体健康产生一定影响。

有人说酸雨也有些益处，如可以中和碱性土壤，但是酸雨中和了碱性土壤中的大量 $CaCO_3$ 后释放出 CO_2，又增加了温室效应。

7.臭氧层空洞（臭氧层破坏问题）

在大气圈20～25 km高空的平流层底部有一个臭氧（O_3）浓度相对

较高的小圈层，即臭氧层，但其臭氧浓度最高仅十万分之一。就是这个臭氧层吸收了99%的来自太阳的高强度紫外线，使人类和地球上的其他生物免遭太阳紫外线的伤害，而得以生存和繁衍。

自1958年对臭氧层观察以来，人们发现臭氧层中臭氧浓度有降低的趋势，特别是1970年以后，降低加剧，全球臭氧层的臭氧浓度都在逐渐降低。

1985年，英国科学家法尔曼首次发现南极上空的臭氧层在9—10月平均臭氧含量降低50%左右，并出现了巨大的臭氧层空洞（臭氧浓度相对周围地区较小的区域）。在这之后，人们在北极和我国的青藏高原上空，接连发现了第二个和第三个臭氧层严重损耗区域，臭氧浓度降低10%左右。据2006年的报道，北极臭氧层的臭氧浓度降低了20%。

在正常情况下，大气中臭氧浓度在自然条件下是处于生成与消除的动态平衡状态的。但是，在不同高度空间内臭氧的生成速度和消除速度是不同的，结果导致在大气平流层的底部（高度在$20 \sim 25$ km）有一臭氧浓度相对较高的极大值区域，即臭氧层，而且臭氧浓度随纬度、季节等变化而变化。

臭氧层的生态功能就是吸收大部分的中波紫外线（UV-B，即波长在$280 \sim 320$ nm的紫外线辐射），而UV-B能危害几乎所有类型的生命。因此，臭氧层成为防止紫外线辐射伤害人类和一切生命的"天幕"，是保护地球上生命的最后一道也是唯一最有效的"屏障"。

关于臭氧层损耗的原因，曾有过多种学术观点，现在比较一致的看法是：人类活动排放入大气的某些化学物质与臭氧层中的臭氧发生化学反应，导致了臭氧的损耗。这些物质统称为消耗臭氧层物质（ODS），已知的主要有氯氟烃（CFCs）、CCl_4、CH_4、N_2O、甲基氯仿（CH_3CCl_3）、甲基溴（CH_3Br），以及哈龙（溴氟烃）等，破坏性最大的是CFCs和哈龙。哈龙主要用作灭火剂，CFCs主要用作冷冻剂（制冷剂），多用于冰箱、空调等电器设备中。还有些CFCs可用作喷射型玻璃清洗剂，以及气雾剂中的喷射剂。这些物质化学性质较稳定，在大气的对流层不会分解，而上升到平流层底部，进入臭氧层顶端后，CFCs 在紫外线的照射下分解释放出 Cl 原子（哈龙释放出 Br 原子），而后 Cl（或 Br）原子与 O_3 分子反应生成 ClO（或 BrO），从而消耗 O_3，破坏了臭氧层。其反应可连续发生，是光催化的连锁反应，每个 Cl 原子可以连续破坏十万个 O_3 分子。其反应机理可用以下简式表示（以 $CFCl_3$ 为例）：

$$CFCl_3 \xrightarrow{h\nu} CFCl_2 + Cl$$

$$O_3 + Cl \longrightarrow ClO + O_2$$

$$ClO + ClO + M \longrightarrow (ClO)_2 + M$$

（M 可吸收双分子结合放出的能量）

$$(ClO)_2 \xrightarrow{h\nu} Cl + ClOO$$

$$ClOO + M \longrightarrow Cl + O_2 + M$$

上述反应机理研究者莫利纳、罗兰、克鲁岑三人获得了 1995 年诺贝尔化学奖。研究资料表明，臭氧层臭氧浓度降低 1%，到达地面的紫外线辐射量增加 2%，皮肤癌发病率增加 3%，白内障发病率增加 0.2% ~ 1.6%。此外，臭氧层的破坏还使农作物减产，使海洋生态系统受到影响，如果任其发展下去，甚至会严重影响到人类的生存与繁衍。保护臭氧层就是保护人类赖以生存和繁衍的环境。解决的办法是：尽量减少使用，甚至完全禁止使用破坏臭氧层的物质。其主要任务是寻找 CFCs 等破坏臭氧层物质的替代品，这是绿色化学家的重要责任。

CFCs 是首先被淘汰的消耗臭氧层物质。含氢氯氟烃（HCFCs）与 CFCs 相似，作为 CFCs 的过渡性替代品，一度被大量使用。因为 HCFCs 中含有氢元素，稳定性较 CFCs 差得多，使得它在低层大气中（对流层）较易分解，阻止了它到达平流层，所以 HCFCs 对臭氧层的破坏能力低于 CFCs。然而，若长期使用 HCFCs，对臭氧的潜在威胁较大。现在已有 40 多种 HCFCs 受到全球范围的控制，并被要求于 2040 年前要完全淘汰。目前，国内外已推广应用的 CFCs 替代品有四氟乙烷、二氟甲烷、七氟环戊烷等、氢氟烃（HFC），这是绿色化学家的重大贡献。

四氯化碳（CCl_4）和甲基氯仿（CH_3CCl_3）同样具有很大的破坏臭氧层能力。这两种物质作为有机溶剂被广泛使用，主要用于金属的清洗，四氯化碳还作为灭火剂使用。目前，它们的使用正在全球受到控制。

哈龙是溴氟烃类化合物，对臭氧层的破坏性远远大于氯氟烃类物质，比CFCs的破坏能力高3～10倍。

甲基溴（CH_3Br）主要被用作土壤熏蒸剂和用于检疫。近年来，甲基溴被发现具有较大的破坏臭氧层能力，现已被列入受控物质名单。

防止臭氧层破坏相对于防止酸雨和防止全球气候变暖要容易得多，主要对策是寻找CFCs等消耗臭氧层物质的替代品，减少和逐步停止消耗臭氧层物质的生产与使用。有关保护臭氧层的问题，世界各国的观点和意见也较统一。1976年，联合国环境规划署理事会第一次讨论了臭氧层破坏问题，1977年召开了臭氧层专家会议，1981年开始就淘汰消耗臭氧层物质进行讨论，1985年3月制定了《保护臭氧层维也纳公约》。24个国家在加拿大的蒙特利尔会议上签署了《关于消耗臭氧层物质的蒙特利尔议定书》（以下简称《议定书》）。这一《议定书》就终止破坏臭氧层的化学品的生产和消费，以及有关生产和进口的控制措施，制定了详细的进程表，并提供了法律依据。为了纪念这一《议定书》的签署，1995年联合国大会通过决议，确定从1995年开始，每年的9月16日为"国际保护臭氧层日"。

古代传说中有"女娲补天"，如今，"补天"的问题真实地摆在了全人类的面前。拯救臭氧层，消除臭氧层空洞，任重而道远。

四　环境污染与人体健康问题

1.环境污染物的性质分类

环境污染物按照其性质可分为三类：

①化学性污染物。化学性污染物占污染物总量的80%以上，根据化学物质的分类，又可分为无机污染物和有机污染物。无机污染物主要是重金属，其中以Hg、Cd、Pb、Cr、As毒性大，危害最严重，号称"五毒"，其次是Ni、Mn、Sn、Cu、Zn等，还有酸、碱、盐等。有机污染物主要是有机农药、多氯联苯、稠环芳烃和各种烃类及其衍生物，以及耗氧有机污染物（糖类、脂肪、蛋白质、氨基酸等）等。

②物理性污染物。热、辐射、噪声、光、放射性物质等。

③生物性污染物。主要指病原微生物，如病毒、病菌（细菌、真菌）。

人类至今还有许多没有认识到的环境污染物，也有的原来认为对人类是有益的，而后来发现是有害的，需要禁止使用，如某些医药、农药就是如此。例如，20世纪60年代初在欧洲及日本曾被用于妊娠早期安眠镇静的药物"反应停"，结果导致约100名产儿畸形，四肢不全或四肢严重短小，因此，该药物被禁用；又如，六六六、DDT有机氯农药在20世纪50—70年代曾是防治农作物虫害的特效药，但是由于对人体有慢性累积毒性，世界各国都已禁止使用。

2.环境污染物的来源分类

环境污染物按照其来源可分为四类：

①工业污染源。主要指工业"三废"（废水、废气、废渣）和噪声，以及放射性物质等。

②农业污染源。主要指化肥、农药、农用薄膜、农业废弃物。

③交通污染源。汽车尾气（NO_x、碳氢化合物、CO、SO_2、铅、苯并

（α芘等稠环芳烃）、噪声、扬尘等。

④生活污染源。生活污水、生活垃圾等。人本身就是一个污染源，人走到哪里，就有可能把污染物带到哪里。

3.环境污染物对人体健康的影响

环境污染物对人体健康的影响相当复杂，这是环境医学学科重点研究的课题。这里简单介绍环境污染物的毒性和"三致"（致畸、致突变、致癌）作用。

环境污染物可能引起人急性中毒、亚急性中毒、慢性中毒与"三致"。

急性中毒：污染物一次性进入人体内，使人体在几分钟，或几小时，或几天，或1~2个月内发生明显中毒症状，都属急性中毒。低剂量就能引起急性中毒的物质属高毒物，如1605、1059等剧毒农药，其半致死量$LD_{50} < 50$ mg/kg。当然，毒性较低的物质，如果一次摄入量过大也可以致人急性中毒，甚至导致死亡。如H_2S气体，当浓度达1000 mg/m^3时，可致人急性中毒死亡。

亚急性中毒：污染物少量连续进入人体内，使人体在2~3个月或1年以内发生明显中毒症状，属亚急性中毒。

慢性中毒：污染物少量连续进入人体内，慢慢累积，使人体在1年以上，甚至十多年、二十多年才出现明显中毒症状，属慢性中毒。慢性中毒又称累积性中毒。

致畸：化学的、物理的、生物的或遗传基因的因素等影响到胚胎的发育过程所造成的先天畸形，被称为致畸作用。具有致畸作用的物质被称为致畸物。甲基汞是人们最为熟知的致畸物。

致突变：是指导致人或哺乳动物发生基因突变、染色体结构变异或染色体数目变异的作用。这些突变可传至后代。具有致突变作用的污染物被称为致突变物质。突变本身是生物界的一种自然现象，是生物进化的基础，但对于大多数机体个体往往有害。如哺乳动物和人的性细胞发生突变，可以影响妊娠过程，导致不孕或胚胎早期死亡等；体细胞的突变，可能是形成肿瘤的基础，因此，有些致突变物质又可能是致癌物。常见的致突变污染物有：亚硝胺类、苯并（α）芘、甲醛、苯、砷、烷基汞化合物、甲基对硫磷、敌敌畏、百草枯、黄曲霉素等，其中多数同时是致癌物。

致癌：是指导致人或哺乳动物患癌症的作用。能够在动物和人体中引起癌症的物质称为致癌物。致癌作用的机理非常复杂。现在有一种理论认为癌症与遗传基因有关，凡有癌症遗传基因的人易发生癌症，可以通过测定DNA来判断是否有癌症遗传基因。此外，凡是可以引起遗传基因突变的因素都可能致癌。

4.主要致癌物举例

①药物类。如非那西丁、氯霉素等。

②芳香胺类。如β-萘胺、联苯胺等。

③亚硝胺类。亚硝胺，又称N-亚硝基化合物，可用 $\begin{smallmatrix} R_1 \\ R_2 \end{smallmatrix}\!\!>\!\!N—N=O$ 表示，可致肝癌、胃癌。

亚硝胺由进入人体内的 NO_3^- 经还原为 NO_2^-，再与进入人体的仲胺（腐坏肉、蛋类中含有）反应后生成。其化学反式如下：

$$\begin{smallmatrix} R_1 \\ R_2 \end{smallmatrix}\!\!>\!\!N—H + HNO_2 \underset{}{\overset{pH=1\sim3}{\rightleftharpoons}} \begin{smallmatrix} R_1 \\ R_2 \end{smallmatrix}\!\!>\!\!N—N=O + H_2O$$

人胃内的pH为1～3，若饮用水（包括地下水）或蔬菜中 NO_3^- 的含量超标，并同时食用含仲胺的食物，就有可能在体内产生亚硝胺。吸烟者口腔内含有硫氰根离子（SCN^-），可以催化上述反应，因此，吸烟者的发病率相对更高。

④氯代烃类。主要有氯乙烯、艾氏剂、狄氏剂、DDT、二氯甲醚、三氯甲烷、三氯丁烷等。

三氯甲烷是自来水中可能含有的一种致癌物。长期以来，自来水生产消毒用的消毒剂都是液氯，但是，现已发现氯气可以与水中的有机物、腐殖质等发生化学反应而产生三氯甲烷，而且随着水源有机物污染的加重，自来水中的三氯甲烷含量越来越高。现在提倡改用二氧化氯（ClO_2）作为消毒剂，以减少自来水中三氯甲烷的含量。当然，采用臭氧消毒更好，但成本太高难以推广应用。此外，尽可能减少水源的有机物污染，以及加强氯气消毒之前的前处理，尽可能先消除水中的有机物，也是重要的有效措施，因为若没有有机物的污染，用氯消毒也不会有三氯甲烷产生。

⑤多核芳烃类（稠环芳烃，PAH）。蒽、苯并（α）芘、苯并〔α，h〕蒽（烟草的烟气中含有）等。

苯并（α）芘可致肺癌，煤、汽油、木材等燃烧的烟气中都含有苯并（α）芘。苯并（α）芘等稠环芳烃是由饱和烃、不饱和烃与芳香烃在高温燃烧时（>500 ℃）产生的。当它们不完全燃烧时，多环芳烃（PAHs）的产生量升高。大量的吸烟人群和低性能、低质量品牌的燃油汽车尾气排放是主要的污染源。

⑥甾体激素类。二乙基己烯雌酚等。

⑦金属尘埃。铍等。

⑧放射性元素。可引起血癌。

⑨黄曲霉素。可引起肝癌。霉变食物，特别是霉变的玉米、花生中含有较高量的黄曲霉素，有些花生油中黄曲霉素可能超标，变质的大米中可能也含有少量的黄曲霉素。

⑩石棉。石棉矿开采、石棉加工厂排放的细小石棉颗粒可被吸入肺部，从而使肺受伤害，有研究表明，20～30年的接触史可能致肺癌。

⑪二噁英类。人类对二噁英的强毒性发现较早，但是其致癌性直到1997年2月才确定。二噁英已被世界卫生组织公布为强致癌物。

二噁英类可以归为氯代烃类，但由于二噁英是一大类化合物，主要包括多氯代二苯并二噁英（PCDDs）和多氯代二苯并呋喃（PCDFs）两类，且环境中的二噁英又多为二次污染物，人们发现其致癌性也比一般的氯代烃类迟，故这里另作一类致癌物介绍。其中，TCDD（2，3，7，8-四氯代二苯并-对-二噁英）是目前已知的有机物中毒性最强，且有强致癌性的化合物，其毒性是DDT的5000～10000倍。

该类化学物的毒害作用是在1971年被发现的。美国密苏里州维罗那附近三个马厩内60多匹马死亡，活着的有26起早产，其中6匹马生下畸形幼马、3匹死马，还有15匹幼马出生后四个月内死亡。后来发现这是为了防止赛马场尘土飞扬，在赛马场喷洒了附近化工厂的废水引起的。该工厂生产3，4，5-T农药（除草剂）的原料三氯酚，其含油废水中含有TCDD。1976年，意大利塞维索化工厂，生产某除草剂的原料三氯酚意外被加热，产生大量的二噁英，并发生爆炸泄漏，造成严重的二噁英污染事故。1999年1月至6月，比利时发现了奶、蛋制品受到二噁英的污染，所有该类产品停止销售，造成巨大经济损失和社会影响。据报道，一开始发现用某种饲料喂养的鸡不下蛋、牛不长膘，经分析后发现饲料中二噁英含量很高，最后找出原因：饲料中的油脂（配方之一）所用的是受含氯有机物污染的工业油脂，其在加工时受热而产生了二噁英。

现已发现凡含有氯代烃（如聚氯乙烯、多氯联苯、三氯酚、五氯酚等）和重金属有机物的垃圾、木材、落叶，燃烧时都可产生一定量的二噁英，包括城市生活垃圾发电的烟气中都可能含有二噁英，随烟尘而漂移。经研究发现，垃圾中含聚氯乙烯塑料类物质越多，燃烧（温度在250～650℃）时二噁英产生量越高。其中，温度在300℃左右且不完全燃烧时，二噁英产生量最高。因此，控制燃烧温度为850~1000℃，并使其充分燃烧，是垃圾焚烧和垃圾发电的关键技术指标，当然烟气除尘和减少垃圾中含有氯代烃的塑料等物质也是重要的措施。因为二噁英的化学性质相对较稳定，在自然界中可长时期存在而慢慢累积，所以，如何减少垃圾焚烧法中二噁英的产生和消除其污染危害成为环保科研部门的一个重要任务。

⑫室外空气污染混合物。2013年10月14日，世界卫生组织下设的国际癌症研究机构发布的研究报告称，室外空气污染混合物为一类致癌物。这是第一次把混合物列为致癌物。

⑬促癌物。可使已癌变细胞不断地快速增殖，如巴豆油中的巴豆醇二酯、雌性激素己烯雌酚等。

⑭助致癌物。可以加速细胞癌变（病变）和已癌变细胞增殖成瘤块，如SO_2、乙醇、儿茶酚、十二烷等。（乙肝患者不能饮酒或其他含乙醇的饮料，否则有可能转变为肝癌）

5. 饮用水源的氮污染与胃癌

饮用水源（包括地下水）中的氮污染（主要是NO_3^-、NH_4^+），主要是由于化肥的大量使用和生活污水、畜禽养殖场的污水等进入天然水体所造成的。目前，生活污水处理厂的除氮技术效率还不是很理想，运行成本还相对较高，许多城市生活污水处理厂可能还没有使用脱氮技术，而普通的活性污泥法的生活污水处理技术仅是把污水中的有机氮转化成了无机氮，连同原来的无机氮一起排进天然水体（仅有少量的氮从剩余污泥中排出和少量的气态NH_3挥发），而自来水厂将天然水引进厂后，不再有脱氮工艺。因此，自来水中的氮含量与饮用水源天然水体中的氮含量基本相同，饮用水源中氮污染越严重，自来水中氮含量就越高，这是对人类健康的一种威胁。

关于氮污染对人体健康的影响，主要表现为饮用水中的NO_3^-进入人体后可以在体内形成强致癌物亚硝胺。据报道，饮用水中NO_3^-严重超标的地区胃癌的发病率较高。NH_4^+的毒性比NO_3^-的毒性小，但是，NH_4^+在水体中，特别是在土壤中很容易被亚硝化细菌和硝化细菌氧化成NO_3^-。

6.吸烟与人体健康

烟草在燃烧过程中产生大量有毒物质，危害较大的有尼古丁、CO、氯化物、焦油、蒽等多环芳烃，其中有十多种多环芳烃是致癌物，还有其他致癌物以及放射性元素和重金属等。有人估算，每天吸1.5包烟，每年肺部接受的放射性计量相当于300次胸部X-光透视。还有研究发现，吸烟者受害的一个重要原因是高温的烟气被吸入肺部、食道等处，造成局部温度过高，在高温且缺氧的条件下产生多种其他有害物。

吸烟，包括被动吸烟（二手烟）是导致肺癌、食道癌的重要原因，吸烟者是不吸烟者发病率的几倍至几十倍，甚至被动吸烟比主动吸烟者更易受害。多年来，我国肺癌的发病率呈上升趋势，目前，在全国范围内已上升至癌症的首位，其中一个重要原因就是吸烟人群大，再加上空气污染，特别是燃油汽车尾气的大量排放。研究资料表明，吸烟与空气污染作用在一起，会提高肺癌的发病率。因此，如果家庭中有人在室内吸烟，会使PM2.5浓度升高，再加上厨房油烟中可能有致癌物，在这样的家庭环境中长期生活，就有可能增加肺癌的发生率。

吸烟的危害除了可能导致癌症以外，还可能引起心血管疾病等，使吸烟者的平均寿命减少约十年。

7.肝炎病毒与人体健康

肝炎病毒种类很多，其中以乙型肝炎病毒对人体健康的危害最为严重，其传染性很强，急性感染者若不能得到及时有效的治疗，就可能发展成慢性乙肝，再拖延下去就可能转化为肝硬化，也有可能进一步发展成肝癌。此外，甲型肝炎在我国部分城市也曾有流行。因此，肝炎病毒对人体健康的危害不容忽视。

乙型肝炎病毒的主要传染途径包括遗传、母婴血液的传染和体液的传染。甲型肝炎病毒可通过饮食、餐具等经口接触传染，因此注意个人和公共场所（包括集体宿舍）的卫生和消毒，特别是食堂和餐饮业的卫生和消毒显得尤为重要。当然，接种疫苗是预防肝炎病毒感染的最有效途径之一。

8. 重金属污染与人体健康

什么是重金属？在化学中重金属一般是指密度在 $4.5\ \mathrm{g/cm^3}$ 以上的金属，而环境污染研究中所说的重金属实际上主要是指汞、镉、铅、铬以及类金属砷等生物毒性显著的重金属，其次是指有一定毒性的一般重金属，如锌、铜、镍、钴、锡等。目前最受人们关注的是汞、镉、铅、铬、砷等的污染危害。

重金属污染源主要来自采矿、选矿、冶金、电镀、化工等工矿企业的"三废"排放，此外，煤和石油及石油制品的燃烧也是重金属的重要释放源。进入水体和大气中的重金属，又可以通过污水灌溉或降尘进入土壤环境。进入地表水的重金属经过净化处理一般较易去除，除非是污染非常严重的水源。但是，重金属一旦进入土壤环境，其污染危害就大得多。这是因为重金属与其他许多污染物不同，它们在土壤中一般不易随水淋滤，不能被土壤微生物分解而消除，相反，生物体可以富集重金属，使之在土壤环境中积累，甚至某些重金属元素在土壤中还可以转化为毒性更大的甲基化合物（如甲基汞）。问题的严重性还在于重金属在土壤环境中积累的初期不易被人们所察觉或注意，而一旦毒害作用比较明显地表现出来，就非常难以治理。土壤环境中的重金属，可以被植物的根系吸收而逐渐在植物体内积累起来，并通过食物链的传递而污染食品，最终进入人体而在人体内积累，所以说重金属是土壤环境中一类具有潜在危害的污染物。

（1）汞污染的危害。

所有的无机汞化合物，除硫化汞以外，都是有毒的。单质汞蒸气是剧毒的，长期吸入极微量的汞蒸气会引起累积性中毒。通过食物链或饮用水进入人体的无机汞盐，主要贮蓄于肝、肾和脑内。其产生毒性的根本原因是：Hg^{2+}与酶蛋白的巯基相结合，抑制多种酶的活性，使细胞的代谢发生障碍。Hg^{2+}还能引起神经功能紊乱或性机能减退。

有机汞一般比无机汞毒性更大，其中毒性较小的有苯汞、甲氧基-乙基汞，剧毒的有烷基汞等。在烷基汞中，甲基汞毒性最大，危害亦最普遍。自然界中甲基汞多由无机汞转化而来，其在人体内的半衰期为70~74天。进入人体内的甲基汞，很快同血红素分子的巯基结合，形成非常稳定的巯基-烷基汞，成为血球的组成部分。甲基汞在人体内约有15%积蓄在脑内，侵入中枢神经系统，破坏脑血管组织，引起一系列中毒症状。如手、足、唇麻木和刺痛，语言失常，听觉失灵，震颤和情绪失常等，这些均为甲基汞侵入脑内所引起的脑动脉硬化症（即水俣病）患者的典型症状。此外，甲基汞还可以导致流产、死产、畸胎或出现先天性痴呆儿等。

（2）镉污染的危害。

镉是严重污染性元素，在清洁的环境中，新生婴儿体内几乎无镉，饮水或食物中的污染性镉主要通过消化道吸收进入人体。镉污染地区生产的大米中镉含量较高（> 0.02 mg/kg 为超标）。长期食用超标的"镉米"，会引起慢性镉中毒。进入人体的镉或与血红蛋白结合，或与低分子金属硫蛋白结合，然后随血液进入内脏器官，最后主要蓄积于肾和肝中。镉中毒症状主要表现为动脉硬化性肾萎缩、慢性球体肾炎等。此外，食入过多的镉，可使镉进入骨质并取代部分钙（脱钙），引起骨骼软化或变形，严重者会引起自然骨折，甚至死亡，这正是日本20世纪30至70年代发生的"骨痛病"严重患者的典型症状。日本曾对一"骨痛病"死者解剖，发现其全身竟有122处骨折，身长缩短30 cm。分析还发现，"骨痛病"死者骨灰中含镉1233～11472 mg/kg，肝灰中含镉7051 mg/kg，肾灰中含镉4903 mg/kg，比对照者高150多倍。此外，不少研究者还发现镉有致突变、致癌作用，并可能引起高血压、肺气肿等疾病。

（3）铅污染的危害。

铅是蓄积性毒物。铅在血液中可以磷酸氢盐、蛋白复合物或铅离子的状态随血液循环而迁移，最后除少量在肝、脾、肾等组织中存留外，有90%～95%的铅以比较稳定的不溶性磷酸铅贮存于骨骼系统中。正常人血液中铅含量为0.05～0.4 mg/kg，平均为0.15 mg/kg。当血液中铅含量达0.6～0.8 mg/kg时，就会出现各种中毒症状。正常人头发中的铅含量在2～95 mg/kg范围内波动，而慢性铅中毒时，铅含量可达42～1000 mg/kg。

铅中毒时对全身各系统和器官均产生危害，尤其是神经系统、造血系统、循环系统和消化系统。铅中毒，会引起高级神经系统障碍，严重时引起血管管壁抗力降低，发生动脉内膜炎、血管痉挛和小动脉硬化。铅中毒会引起腹绞痛，还可造成死胎、早产、畸胎以及婴儿精神呆滞等。

（4）铬污染的危害。

铬是动物和人体的必需元素之一，研究发现胰岛素的许多功能都与铬有密切关系。

人体缺乏铬可引起粥状动脉硬化，还可使糖、脂肪的代谢受到影响，严重者可导致糖尿病和高血糖症。此外，铬污染的水体和土壤中的铬，也会通过食物链对人体产生危害。

铬的毒性主要是由六价铬引起的。六价铬的毒性主要表现为引起呼吸道疾病、胃肠道疾病等。六价铬经呼吸道吸入时有致癌作用，通过皮肤和消化道大量吸收能致人死亡。

（5）砷污染的危害。

三价砷的毒性远远高于五价砷。对人体来说，亚砷酸盐的毒性比砷酸盐要大60倍，这是因为亚砷酸盐可以与蛋白质中的巯基反应，而砷酸盐不会产生反应。砷酸盐对生物体的新陈代谢有影响，但毒性相对较小，而且只在还原为亚砷酸盐后才明显表现出来。此外，砷具有积累性中毒作用，并对人体有致癌作用，易引起皮肤癌，应引起高度重视。

9.化学农药污染与人体健康

化学农药主要是指能防治植物病虫害、消灭杂草和调节植物生长的一类化学药剂。化学农药按照主要用途可以分为杀虫剂、杀菌剂、除草剂、植物生长调节剂，以及杀螨剂、杀鼠剂、杀线虫剂、土壤处理剂等；按照主要化学成分的不同可以分为有机氯农药、有机磷农药、氨基甲酸酯类农药、拟除虫菊酯类农药、有机汞农药、有机砷农药等。

（1）有机氯农药。

有机氯农药是分子中含氯的烃的衍生物。该类农药的推广应用在20世纪50至70年代曾一度为确保农业、林业和畜牧业的增产发挥了巨大的作用。但是，有机氯农药的共同特点是化学性质稳定，残效期长，短期内不易分解，而且易溶于脂肪。因此，当有机氯农药通过食物链进入人体以后，易在人体脂肪中蓄积，造成慢性中毒，故该类农药是40多年前导致环境污染的最主要的农药类型之一。日本及欧美各国已从1972年就开始全面禁止生产和使用DDT、六六六两种有机氯农药。我国也于1983年宣布停止生产，直到库存用完为止。因而可以认为今后不会再有DDT和六六六的进一步污染问题。但是，已经发生的污染将会持续一个较长的时期才能完全消除。此外，还有几种其他有机氯农药也属于性质稳定的化合物，有的可能还有致癌性，如艾氏剂、狄氏剂等，也在被淘汰之列。

（2）有机磷农药。

有机磷农药是含磷的有机物。根据我国农药急性毒性暂行标准，有机磷农药中属于高毒的有1600、特普（TEPP）、甲拌磷（3911）、1059、1605、甲基1605、久效磷、磷胺、甲胺磷、速灭磷等，属于中等毒性的有敌敌畏（DDV_p）、二甲硫吸磷（M-81）、蚜灭多、马拉氧磷、乐果、氧化乐果、敌百虫、稻瘟净、克瘟散等，属于低毒的有马拉硫磷、杀螟腈、杀虫威等。当然，毒性大小是相对的，低毒的农药并非没有毒，摄入量超过一定限量时仍可引起中毒死亡。

有机磷农药的特点是在水和土壤环境中能逐渐降解，残留性小，一般不会产生累积性中毒的危险。在植物体内，受酶的作用，磷酸酯发生水解，也不易蓄积，因此常被认为是污染较小的一种农药。但是，近年来许多研究报告指出，有机磷农药具有烷基化作用，可能会对动物有致癌、致畸、致突变作用（目前，对有机磷农药的"三致"作用尚有争议），对人是否有"三致"作用有待进一步研究证实。现在问题比较突出的是许多有机磷农药对人、畜的急性毒性较大，易造成人畜急性中毒，轻者造成神经功能紊乱，严重者可使神经麻痹，以致死亡。因此，有机磷农药属于神经性毒剂，使用时要高度重视安全问题。

（3）氨基甲酸酯类农药。

该类农药的共同特点是：残效期短，选择性强，防治效果好。因此，世界各国比较重视对这类农药的开发研究工作。

氨基甲酸酯类农药也属于神经性毒剂，中毒症状与有机磷农药相似。这类农药在自然环境中易于分解，在动物体内也能迅速分解代谢，而代谢产物的毒性多数低于其本身的毒性，因此属低残留农药，在动物体内累积中毒的可能性不大。但是，有些品种的急性毒性较大，如呋喃丹，属高毒农药，使用时若不注意安全，则可能造成人畜急性中毒。

（4）拟除虫菊酯类农药。

天然除虫菊酯是白花除虫菊的花中含有的有效杀虫成分。但是，天然除虫菊酯对光、热较敏感，稳定性较差，特别是在日光下易被氧化，导致药效降低，以致无法在农业上使用。因此，世界上许多国家都积极寻找类似天然除虫菊酯结构的生物活性物质，并进行人工合成和药效试验，结果发现了一系列的拟除虫菊酯，其药效大大超过了天然除虫菊酯，且性质稳定，是一类高效、低毒、低残留、无污染的新农药，已在农业上广泛应用了几十年。这是到目前为止，被认为是对人体健康影响最小的一类化学杀虫剂。

化学农药种类繁多，而且新品种不断出现，研发使用时一定要注意安全问题。

10.环境噪声污染与人体健康

环境噪声的污染及危害往往容易被人们忽视，应引起人们的重视，特别是对于儿童和青少年来说，更需要引起重视，需要明确认识到环境噪声污染是城市环境的一大公害。

声音是一种物理现象，由物体振动而产生，它在人们的日常生活、工作、学习中起着非常重要的作用，很难想象一个没有声音的世界会是什么样子。但是，人们并不是任何时候都需要声音，更不能忍受强度太大的声音。一切声音，当个体心理对其反感时，或生理上有不舒服的感觉时（如心烦意乱、头昏等），即为环境噪声。它不仅包括杂乱无章的不协调的声音，也包括影响到别人工作、学习、休息、睡眠、谈话与思考的乐声。环境噪声与物理学中噪声的概念不同。物理学上将节奏有调，听起来和谐的声音称为乐声；将杂乱无章，听起来不和谐的声音称为噪声。而环境科学所说的环境噪声与个体所处的环境和主观感觉有关，而且主观因素往往起着决定性的作用。同一个人对同一种声音，在不同的时间、地点和环境下，往往产生不同的主观判断。比如，在心情舒畅或休闲时，人们喜欢听音乐；而当心情烦躁或集中精力思考问题时，即使是和谐的乐声也可能会使人反感。此外，不论是乐声还是物理噪声，人们对任何频率的声音都有一个绝对的时限忍受强度，超过这一强度，它就会对人体健康造成危害。因此，环境噪声应定义为对人身有害和人们不需要的声音。环境噪声的控制标准也是根据不同的时间（如白天和夜晚）、不同地区（如工矿区与居民区）和人处于不同的行为状态来制定的。例如，居民住宅区、医院、教育区域等白天的标准是不超过55分贝，夜间是不超过45分贝，而城市主干道白天的标准是不超过70分贝，夜间是不超过55分贝。

环境噪声污染是暂时性的，声源停止发声，危害立即消除。此外，环境噪声的影响范围是局部的，受害的范围仅限于声源附近。

环境噪声污染的危害主要有以下几个方面：

①损伤听力。长期在有噪声污染的环境中生活、工作，人的听力会下降，甚至引起耳聋，声强越高，持续时间越长，危害越大。如用耳机听音乐，声音偏大，时间过长会损伤听力。有研究表明，在85分贝及以上的噪声环境中长期生活，耳聋的比例达50%以上。

②对睡眠的干扰。噪声影响入睡，对老年人和高血压、心脏病等病人，以及神经衰弱、易失眠的人影响更严重。

③对人体的生理影响。许多证据证明大量心脏病的发展和恶化与环境噪声有密切关系。实验证明，噪声会引起人体紧张的反应，使肾上腺素增加，因而引起心率改变和血压升高。调查结果也表明，在噪声环境中工作的工人比在非噪声环境下工作的工人，患高血压的病人多，患循环系统疾病的也多。噪声还能引起消化系统的疾病，如在某些噪声污染严重的工业区，胃溃疡病的发病率比安静区高出5倍。

环境噪声还能影响神经系统，诱发神经衰弱症，可引起失眠、疲劳、头痛、记忆力减弱等。

此外，强噪声还会刺激耳腔的前庭，使人眩晕、恶心、呕吐等。

④对心理的影响。主要表现为烦躁，使人易激动易怒，甚至失去理智。因噪声干扰产生的民间纠纷也时有发生，甚至发生伤人事故。

⑤对儿童和胎儿的影响。噪声会影响少年儿童的智力发育，可使怀孕妇女产生紧张反应，引起子宫收缩，造成营养和氧气供应不足，影响胎儿发育等。有人提倡胎教，但是，胎教的声音强度要控制好，时间要合理安排，不能时间过长或影响孕妇和胎儿睡眠。

11.现代城市发展中产生的新环境污染问题

过去经常说的城市环境污染的四大公害是指废水、废气、废渣（包括生活垃圾和固体废弃物）、噪声。一直以来，这四大公害是环保执法部门日常监控与管理的主要任务。但是，随着现代化城市的发展，又出现了一些新的环境污染问题，主要包括：废旧电器、汽车、电子仪器、电池、节能灯等产生的固体废弃物污染，光污染，辐射污染，室内装潢污染，建筑垃圾污染，快递、外卖送餐的包装材料污染，等等。此外，城市生活垃圾，特别是塑料垃圾和餐饮业等厨房产生的厨余垃圾，虽然是个老问题，但是随着城市的发展，其产生量迅速增加，许多城市出现垃圾围城的现象，城市生活垃圾的处理处置成了一个"老大难"问题。城市垃圾的分类回收、集中处理和回收利用，距离目标要求还相差甚远。

关于生活垃圾分类回收、集中处理（包括无害化处理）和回收利用等问题，国际上公认的，也是我国早在20世纪80年代中期就确定了的，以"减量化""资源化""无害化"的"三化"原则作为控制生活垃圾和其他固体废弃物污染的基本政策，而实行垃圾分类回收是上述"三化"的预处理过程。因此，我们把生活垃圾分类回收处理的基本原则认定为以下四点：

一是必须实施分类回收原则。只有先分类再回收，才好分类收集、分类运输、分类处理，才能分类资源化利用。至于具体如何分类，是粗分，还是细分，目前国际上没有统一的标准，世界各国均根据自己国家的具体情况而制定适合国情的标准。我国近期推出的《生活垃圾分类标志》新标准，将生活垃圾类别调整为可回收物、有害垃圾、厨余垃圾、其他垃圾4个大类和11个小类。我们应加强宣传教育，并付诸实践，逐步将垃圾分类回收培育成全民的自觉行动。

二是必须实施减量化原则，即尽可能地减少垃圾的产生量（包括体积、数量、重量），从源头上进行控制。我们要在大力宣传要求公众提高认识，积极行动配合垃圾分类回收的同时，大力宣传要求公众提高对垃圾减量化原则的认识并积极行动。但是，从现状来看，不管是发达国家还是发展中国家，仍然在不断地产生大量垃圾和废弃物，特别是废弃塑料的产生量一直有增无减。塑料，特别是聚氯乙烯塑料的持续大量使用所引起的污染危害，应引起我们的高度重视。

三是必须实施资源化原则，即尽可能地将分类回收的垃圾"变废为宝"，变成有价值的资源或产品，即资源化。例如，厨余垃圾回收后可以用来生产有机肥料或沼气，再利用沼气发电，而油脂类垃圾可以回收其中的油脂，再生产生物柴油。可以预见，生活垃圾包括固体废弃物的分类回收资源化利用将会迅速发展。

四是必须实施无害化原则，即在城市生活垃圾分类回收处理的过程中，应尽可能地不要再产生新的污染危害或二次污染，所有的垃圾处理技术一定要做到尽可能地消除其有害性，即无害化。

城市生活垃圾焚烧法，包括垃圾发电，原是世界上公认的无害化处理的好方法。但是，现已发现垃圾焚烧产生的气体与飞灰（烟尘）中含有剧毒且有强致癌性的二噁英，随烟尘飘移。因此，如何减少和消除垃圾焚烧法中产生的二噁英是一个新课题，目前主要采取了提高燃烧温度（850～1000 ℃）和充分燃烧的方法，还有就是改进烟气除尘技术。

　　在一段时间里，我国城市生活垃圾末端处理方式多采取卫生填埋法，但是填埋法存在很多问题：占用大量土地、山凹、低洼地甚至侵占湿地；渗滤液难以处理，可能污染地下水、地表水，治理难度大，成本高；产生恶臭气体，污染空气，影响附近居民的身体健康；等等。

　　废旧汽车、电子产品、线路板、废旧电池、节能灯等固体废弃物都可以分类回收处理，但难度很大，在回收处理过程中会产生有毒的重金属污染，若处理工艺落后，则还可能产生大量的有毒气体。例如，露天焚烧线路板，就会产生大量的有毒烟尘，甚至包括致癌物。再如，废旧电池、节能灯如果不回收集中处理而是直接进入土壤中，一节电池就可能污染1平方米以上的土壤，一支废旧节能灯中的汞、铅可以污染180吨的水。如果进行回收集中处理，虽然可以回收某些金属等资源，但处理技术要求高、效率低、成本高，处理过程中仍有废水、废气、废渣产生。这需要国家给予经济和政策上的扶持，否则废旧电池、节能灯的全面回收集中处理难以实现。

　　光污染对现代城市环境来说是一个新问题。现代高层建筑采用的玻璃幕墙、铝合金材料装饰等反射太阳光所引起的光污染，以及令人眼花缭乱、目不暇接的城市夜晚的霓虹灯光和照明用强光，加上广告用的大型LED屏幕等，其光强度超过人体所能承受的范围，不仅有损视力，干扰视觉，而且可能导致神经功能失调，引起头晕目眩、食欲下降、困倦乏力、精神不集中等症状。这些杂乱的强光污染对汽车等机动车驾驶人员的影响更大，甚至诱发交通事故。

　　家居装潢所引起的室内空气污染主要是由不合格的建筑材料和家具及装潢用涂料、油漆等造成的。不合格的木板、胶合板、家具主要是造成室内空气中甲醛超标（国家标准为 $< 0.08\ \text{mg/m}^3$），不合格的涂料、油漆主要是造成室内空气中苯、甲苯、二甲苯超标。因此，室内空气污染的主要有机污染物为甲醛、苯、甲苯、二甲苯等，此外还有其他多种挥发性有机物。不合格的儿童玩具、图书等也可能释放出有害的气体。有

的花岗岩石材放射性物质氡超标，特别是紫色、绿色的花岗岩放射性物质含量更高，可能引起室内放射性污染。

粉煤灰中含有一定量的放射性物质，煤的来源不同，其含量也不同。因此，采用粉煤灰制墙体砖用作建筑材料时，应严格控制粉煤灰中放射性物质的含量，不达标者绝不能用。放射性污染是积累性的，即使每天只有极微量的放射性物质进入人体，但十几年甚至几十年下来，就可能使人患病。

另外，冬季施工时加入水泥中的防冻剂会产生氨污染。

甲醛、苯都有致突变性，也可以致癌（甲醛可以致鼻咽癌、白血病）；氡可以引起肺癌、白血病等。由于室内装潢污染引起呼吸道疾病、白血病、肺癌、鼻咽癌等现象时有发生，这种污染对婴幼儿和老人的危害尤其大，应引起我们的高度重视。

五　生态学基本知识

1.生态学的含义及其发展

生态学是环境科学的重要理论基础之一，可以说没有生态学的建立与发展就不会有今天的环境科学的发展。在人类历史上，人们对大自然的任何开发利用，只要违背了生态学原理，就必然遭受大自然的报复，给人类带来种种生态与环境问题。

"生态学"一词最早是由德国生物学家赫克尔（Ernst Haeckel）于1869年提出的，他把生态学定义为"自然界的经济学"。此后，一些生态学家把生态学定义为"研究生物与其生存环境相互关系的科学"，是生物学的重要分支科学。我国著名生态学家马世骏把生态学定义为"研究生物与环境之间相互关系及其作用机理的科学"。

20世纪60年代以前，生态学基本上局限于研究生物与环境之间的相互关系，初期偏重于植物，后来逐步涉及动物和微生物，从而有植物生态学、动物生态学和微生物生态学之分，但仍隶属于生物学。

20世纪60年代以后，由于人类环境问题的恶化和环境科学的发展，生态学便扩展到人类生活和社会形态等方面，把人类这一特殊的生物种也列入生态系统，来研究并阐明包括智能圈在内的整个生物圈与环境之间的相互关系问题。这样便形成了人类生态学，即研究人类与其生存环境相互关系及其相互作用的规律的科学。由此相继出现了社会生态学（研究人类与社会环境的关系及其相互作用的规律）、城市生态学（研究城市居民与城市环境的关系及其相互作用的规律）等。其中，社会生态学包括政治生态学、经济生态学、文化生态学、教育生态学，依次研究人类与政治、经济、文化、教育环境的关系及其相互作用的规律。

2.生态系统的概念

生态系统是生态学研究的中心。生态系统的概念是英国植物群落学家坦斯莱（A.G.Tansley）在20世纪30年代首先提出的，到50年代得到较广泛的传播，60年代以后逐渐成为生态学研究的中心。

在介绍生态系统的概念之前，首先介绍种群和群落的概念。

种群：在一定的自然区域内，同种生物所有个体的总和在生态学中称为种群，如鲤鱼种群。

群落：在一定的自然区域内，许多不同种群生物的总和叫作群落，或简单地说，不同种群的生物生活在一个环境中构成群落。如一片森林，或草原，或农田中的所有不同种群生物的总和，都叫生物群落。

生态系统是指自然界一定空间的包括人类在内的一切生物与其周围环境之间相互作用、相互制约、不断演变，达到动态平衡、相对稳定的统一整体，是具有一定的结构与功能的单位。

任何一个生物群落与其周围非生物环境（水、大气、土壤、阳光等）的综合体即构成生态系统，单一种群与其周围环境也可构成简单的生态系统。

生态系统可大可小，小到一滴含有绿藻和微生物的天然水，大到整个生物圈。整个生物圈是最大的自然生态系统，人类也包括在生物圈之内，成为自然生态系统的组成部分。而智能圈是最大的人类社会生态系统，其包括在生物圈范围之内。

生态系统是自然界的划分单位，大系统又可分为若干亚系统或子系统，具有明显的层次性。例如，自然生态系统可分为陆生生态系统和水生生态系统，陆生生态系统又可分为农田生态系统、森林生态系统、草原生态系统等，农田生态系统又可分为植物生态系统和土壤生态系统，土壤生态系统又可分为土壤动物生态系统、土壤微生物生态系统、土壤植物根区微环境生态系统等。

3.生态系统的组成

生态系统是由生物群落和非生物环境组成的复杂系统。

（1）生物群落。

生态系统中的生物群落，根据其在系统物质与能量迁移转化中的不同作用，可分为三个机能群：

①第一性生产者。主要指绿色植物，即含有叶绿素，能利用太阳辐射能和光能吸收 CO_2 和水合成有机物并释放出氧气的植物，包括某些藻类在内。没有第一性生产者，就不可能发生光合作用，CO_2 和水就不可能转化为有机物，任何生态系统就不可能有能流（能量的传递与转化）和物流（物质的转化与传递）组成食物链。因此，第一性生产者是生态系统的基础。

②消费者。即以生物有机体为食的各类异养型生物，主要包括各类动物（草食性动物和肉食性动物），在自然生态系统中人类也是消费者。按照消费者在食物链中所处的位置，消费者又可分为一级消费者（草食性动物）、二级消费者（以草食性动物为食的肉食动物）和三级消费者（以二级消费者为食的食肉动物）。人类为最高级消费者。

③分解者。主要指可将有机物分解为无机物的微生物群。它们是使自然生态系统中各种物质与元素得以周而复始地循环利用的重要环节，在净化环境污染、维持生态平衡方面起着重要的作用。

任何一个自然生态系统可以没有消费者，但是必须要有生产者和分解者。

（2）非生物环境。

生态系统中的非生物环境是指阳光、空气、水、土壤、矿物质等。

4.生态平衡的概念

在正常情况下，生态系统中各组成之间保持着一种相对的平衡状态，系统中的能流和物流较长时期地保持稳定，即生态平衡。当然，这种平衡是相对的、暂时的、不稳定的动态平衡。环境保护、生态保护工作的重要任务就是设法维持这个生态平衡。若生态系统已遭破坏，处于不平衡的脆弱状态，人们就要设法进行生态修复。为了保持生态平衡，我们必须遵守系统中能流与物流的输入与输出的等量原则（输入与输出平衡）。生态系统的组成结构越复杂，生态系统就越稳定，抵抗外源物干扰（如污染物的输入）的能力就越强。相反，生态系统的组成结构越简单，生态系统就越不稳定，即易处于不平衡状态。

一个良好的生态系统之所以能保持相对的平衡状态，主要是因为其内部具有自动调节的能力，即生态系统所具有的环境自净能力，当污染物输入时，可以慢慢得到净化。但是，一个生态系统的调节能力是有一定限度的，超过这个限度调节就不再起作用，生态系统的平衡就会遭到破坏，甚至发生生态危机或生态灾难。可见，生态系统只是一个中性名词，它有良好的、稳定的平衡状态，也有不好的、不稳定的，甚至极脆弱的不平衡状态。

5.破坏生态平衡的因素

破坏生态平衡的因素既有自然的因素，如火山、海啸、地震、水旱灾害、台风、流行病等；也有人为的因素，如人类对自然资源的不合理开发利用，工农业生产、交通运输业的发展带来的环境污染等。其中，人为因素引起的生态平衡的破坏主要有以下四种情况。

（1）物种改变引起生态平衡破坏。

人类在有意无意中会对生态系统产生影响。例如，乱捕杀狐狸、蛇等野生动物，而狐狸和蛇是野鼠（田鼠、鼢鼠）的天敌，结果造成野鼠的大量繁殖，野鼠繁殖过多而成灾，又破坏了草原生态平衡，导致草场退化甚至沙漠化。又如，乱砍滥伐森林会使森林中的物种种类、数量减少，同时，由于植被破坏，引起水土流失、气候异常、水旱灾害频繁发生。

生态系统中的物种改变还有一种情况是：人为引进某种物种，或过度放牧等，对生态系统造成影响。例如，澳大利亚曾经因引进兔子而成灾，大片草原被破坏，后来通过引进兔子的一种传染病方法才算把兔子过量繁殖造成的草原生态危机控制住。过度放牧，也就是生态系统中的消费者数量过大，生产者的生产量满足不了消费者的需求，而使草场退化，草原生态系统的平衡被破坏，最终导致土地沙漠化。

（2）环境因素改变引起生态平衡破坏。

空气污染、水污染、土壤污染等，影响了生态系统中的非生物环境，并通过植物吸收和食物链，污染了生态系统的生产者、消费者、分解者，这样便可能改变生态系统的正常结构，从而破坏生态平衡。这是工业文明社会发展以来造成生态平衡破坏的主要因素，许多物种的灭绝都与环境污染有关。《寂静的春天》一书中描写的大量事实充分证实了这一结论。例如，长期过量使用化学杀虫剂，杀死害虫的同时也杀死了大量的有益生物（害虫的天敌），如青蛙等，这反而可能造成害虫的更大量繁殖（一只青蛙一天能吃50～70只害虫）；而虫害的加重，又影响到生产者，会造成大量减产，使生态平衡遭受破坏。

（3）信息系统的破坏引起生态平衡破坏。

环境中的某种污染物与某种雌性动物排放的性信息素（激素）相作用，使其丧失引诱雄性个体的作用，就会破坏这种动物的繁殖，改变生物群落的组成结构，使生态平衡遭受破坏。

（4）人为的不合理开发利用自然资源造成生态平衡破坏。

例如，围湖造田、填埋湿地等造成的湿地生态系统的破坏，直接使大量湿地消失。大量湿地的消失，引起天然水体的净化功能减弱或丧失，同时影响水生生物和候鸟的生存与繁衍。再如，围海造地，会造成沿海海岸线和浅海生态系统平衡的破坏，进而造成大量的防护林、珊瑚礁消失等。

就人类生态系统而言，人类社会的持续稳定发展，就是人类生态系统的平衡。人口过剩，也就是消费者过剩，相对来说生产者有机物的供给不足，会产生人类的粮食危机，从而导致人类生态系统的平衡被破坏。所以，我们要正确处理好人口、能源资源、生态、环境之间以及它们与经济社会发展之间的辩证关系。如果我们对此缺乏足够的认识，任何一个环节的失误，都可能打破人类生态系统的平衡，给人类带来生态灾难。

6.食物链、食物网与营养级

（1）食物链。

生态系统中，由食物关系把多种生物联结起来，一种生物为另一种生物所食，另一种生物又为第三种生物所食……彼此形成了一个以食物关系联结起来的链锁关系，称为食物链。例如，下图示意一个小池塘中水生生物之间构成的生态系统和食物链，以及其中的能量和物质的流动情况。

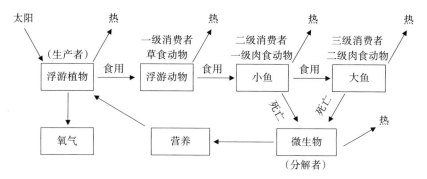

小池塘的生态系统及其食物链示意

在这个生态系统中，浮游植物（藻类等）是生产者，借含叶绿素的细胞利用太阳能将水和CO_2转化成有机物，进而为浮游动物所食用，小鱼再食用浮游动物，大鱼再食用小鱼，构成食物链。

按照生物间的相互关系，一般可把食物链分成四类：

①捕食性食物链。这种食物链又称放牧式食物链，它以植物为基础，构成形式是：植物→草食动物→肉食动物。后者可以捕食前者，如在草原上，青草→野兔→狐狸→狼。

②碎食性食物链。这种食物链以碎食物为基础。所谓碎食物是由高等植物叶子的碎片经细菌和真菌的作用，再加上微小藻类构成。其构成形式是：碎食物→碎食物消费者→小肉食性动物→大肉食性动物。如在湖泊或沿海，树叶碎片及藻类→虾→鱼→食鱼的鸟类。

③腐生性食物链。这种食物链以腐烂的动植物遗体为基础，这些腐烂的动植物遗体可被土壤或水中的微生物分解利用。其构成形式是：动植物残体→虹蚓→动物。

④寄生性食物链。这种食物链以大型生物为基础，由小型生物寄生到大型生物身上构成。如哺乳动物或鸟类→跳蚤→原生动物→细菌→过滤性病毒。

（2）食物网。

在生态系统中，食物关系往往很复杂，各种食物链相互交错形成食物网。生态系统中的能流和物流就是通过食物链或食物网进行的。

（3）营养级。

食物链的各个环节中，相同地位、起相同作用的一群生物称为一个营养级。生产者有机体为第一营养级，一级消费者为第二营养级，二级消费者为第三营养级……通常有4～5级，一般不超过7级。

食物网与营养级关系如下图所示。

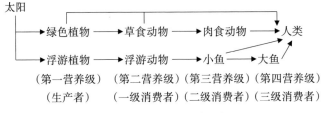

（第一营养级）（第二营养级）（第三营养级）（第四营养级）
（生产者）　　（一级消费者）（二级消费者）（三级消费者）

食物网与营养级关系示意

低位营养级是高位营养级的营养和能量的供应者，地球上一切生物的能量来源是太阳。但是，低位营养级的能量仅有10%～20%能被高一级营养级生物利用。若以10%的利用率计，那么热值为1000焦的青草，被牛食用利用后，最多能产生热值为100焦的牛肉。因此，在数量上第一营养级就必须远远超过第二营养级，逐级递减，就形成了生物数目金字塔，或生物量金字塔，或生产率金字塔等。在生态学中，有一种表示食物链各层次能量递减的方法，称为能量塔。生物量金字塔和能量塔如下图所示。

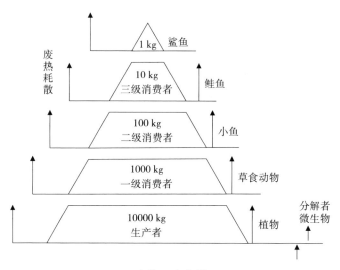

生物量金字塔

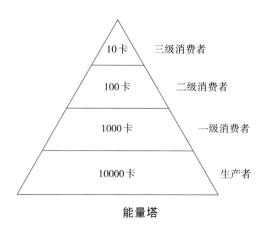

能量塔

　　了解上述关系和生态学规律的实际意义主要有以下几个方面：

　　①农业是基础，而种植业又是农业的基础，是发展养殖业和畜牧业的基础。草原的载畜量是有一定限度的，因此，农业结构的调整应符合生态学原理，不能忽视种植业的发展，特别是不能忽视粮食的生产。

　　②人类处于生物量金字塔顶端。因此，世界人口的总数量受食物供应的限制。

　　③利用食物链的限度关系，充分利用能量。例如，青草（包括作物

秸秆）内的碳水化合物在土壤中的营养作用不是十分重要的，若先做饲料，再用畜、禽的粪尿制作沼气，而将沼渣、沼水用作肥料，则可以有效地利用生物质能，这是生态农业的典型实例。若把青草、作物秸秆直接作肥料（还田）则是生物质能的一大浪费。

④改善人类食物结构。人类的食物结构以植物为主食比以动物为主食经济有利，以草食动物为食比以肉食动物为食经济有利。也就是说，人类的食物链越短，能量利用率越高，越符合低碳生活的原则，即多吃素，少吃荤。

7.生态系统中的物质循环

生态系统中的各组成部分之间不断地进行着物质循环，C、H、O、N、P、S的循环是基本的循环，没有正常的、稳定的物质循环，生态系统的生命将会终止，连人类社会也会消亡。与环境保护和生态保护关系密切的主要有水、碳、氮三大循环。

（1）水循环。

自然界生态系统中的水循环，是地球上太阳能所驱动的各种物质循环的一个中心循环，主要有两条路径：

其一，水分子从地球表面通过蒸发进入大气，然后通过雨、雪或其他降水形式又回到地球表面。这一循环对调节气候和净化环境起着不可替代的作用，特别是对水体的净化有重要意义。

其二，水是生态系统中能流与物流（循环）的介质，而水中的O、H元素又是生命有机体的组成物质的给源。绿色植物吸收水分和CO_2（连同水中溶解的各种营养物质），在日光照射下经光合作用合成有机物（同时释放出氧气），再经食物链传递，经呼吸作用或动植物残体的分解，或燃烧生成水和CO_2，同时完成了水和CO_2的循环。这一循环是一切生命有机体生存与繁衍的必经路径，没有这一循环，就没有N、P、S

等其他物质的循环，一切生命都将终止。

水循环和其他物质的循环密切地交织在一起，对水循环的任何干扰，如气温的升高、森林的破坏、湿地与湖泊面积的缩小等，都会影响到其他物质的循环，甚至造成其他循环的瓦解，至少在局部范围内会如此。因此，保护水循环的整体性、稳定性，防止人为因素对水循环的干扰和破坏是环境保护和生态保护的一个中心问题。科学合理地开发利用水资源，确保水循环的正常稳定显得尤为重要。

（2）碳循环。

碳是有机分子的基本材料，是一切生物的物质组成基础。目前，大气中的CO_2浓度在逐渐增加，这是碳循环不够平衡的结果，其问题是严峻的。因此，尽可能地维持自然生态系统中碳循环的平衡，对环境保护和生态保护来说十分重要，特别是对应对全球气候的变化更为重要。

空气中CO_2减少的主要途径有：绿色植物的光合作用，将CO_2转化成有机物，储存于植物体内；海水以及其他地表水的吸收溶解，储存于水体中；形成碳酸盐沉积于土壤和水体的底泥中。

空气中CO_2增加的主要途径有：化石燃料（煤、石油、天然气等）以及动植物残体的燃烧，动植物的呼吸作用，微生物对动植物残体的分解作用，水中溶解CO_2的解吸作用，碳酸盐的分解，岩石的风化作用等。

综上，维持自然生态系统中碳循环的平衡，现时段最主要的措施是改变能源结构，减少化石燃料的燃烧和提高森林覆盖率。

（3）氮循环。

大气中含有大量的氮，约占大气组成的78%，但是不能为植物或动物直接利用。只有固氮菌或某些蓝绿藻，才能将空气中的氮转变为氨基酸，进而合成蛋白质等以有机氮的形式固定下来，即生物固氮。此外，高能固氮（闪电、火山喷发时的岩浆）以及化工厂的化学固氮，可将N_2转化为NO_x或NH_3等无机氮。有机氮经氨化细菌的氨化作用转变为铵离子，而铵离子在亚硝化细菌的亚硝化作用下转变为亚硝酸，再经硝化细菌的硝化作用而转变为硝酸。

植物从土壤中吸收 NO_3^- 或 NH_4^+，并在体内合成各种氨基酸，最后合成各种蛋白质。

土壤中的硝酸盐可进入地下水层污染地下水水源，也可流入江、河、湖泊、海洋，而硝酸盐又可在反硝化细菌的作用下，发生反硝化作用转变为 N_2O 或 N_2，重返大气，完成氮的循环。但是，N_2O 既是温室气体，又是破坏臭氧层物质，所以反硝化作用停留在 N_2O 阶段是有害的。

从氮循环来看，大约每年被固定的氮合计为 $9.81×10^7$ 吨，大多以化学氮肥的形式进入土壤生态系统和水生生态系统，而经反硝化作用重返大气的氮，以及沉积在海底的氮约为 $8.5×10^7$ 吨，这多出的固定氮除了存在于动植体内以外，就是分布在土壤、地下水、地表水之中，这是造成水体富营养化和地下水、地表水氮污染的主要原因。当然，水体的富营养化还与磷的污染有很大关系。水体严重富营养化，会造成蓝绿藻大量繁殖，甚至变成黑臭水体。

8. 生物污染

生物污染通常有两种含义：其一是相对于化学污染、物理污染来说，指由病原菌引起的大气、水、土壤和其他生物体的污染，多出现在污染物分类中引用；其二是指各种各样的污染物进入生物体内，造成生物体本身的污染，即生物环境系统的污染。以下所讨论的是后者。

大气、水环境以及土壤环境中各种各样的污染物质，包括施入土壤中的农药、化肥等，可以通过表面附着、根部的吸收、叶片气孔的吸收以及表皮的渗透等进入生产者有机体内，并通过食物链最终进入人体，影响人体的健康。我们把污染环境的某些物质在生物体内累积，其数量超过正常含量，足以影响人体健康或动植物的正常生长发育的现象称为生物污染。有关生物污染的问题涉及以下几个基本概念。

（1）生物浓缩。

生物浓缩又称生物富集，是指生物通过非吞食方式（如植物根部吸收、气孔的呼吸作用）在从外界摄取营养物质的同时，使某些污染物或元素在生物体内的浓度超过周围环境中的浓度的现象。生物浓缩的程度常用生物浓缩系数（BCF）来表示。

BCF（生物浓缩系数）=CB（某物质或元素在生物体内的浓度）/CE（某物质或元素在周围环境中的浓度）

（2）生物放大。

一种污染物的浓度在同一食物链上往往随着营养级的提高而逐渐增大，甚至可增大数百倍至数万倍，此种现象称为生物放大。生物放大的程度可用生物浓缩系数表示。生物浓缩和生物放大的结果，都可造成生物积累。

表5-1示意同一食物链上不同营养级生物体内污染物浓度的对比情况：

表5-1　同一食物链不同营养级生物体内污染物浓度对比

	CE	CB₁	CB₂	CB₃	CB₄
汞的浓度（mg/kg）	海水	水生植物	水生低等动物	小鱼	大鱼
	0.0001	0.01～0.02	0.02～0.05	0.1～0.3	1～2
DDT浓度（mg/kg）	水中	浮游生物	小鱼	大鱼	鱼鹰
	0.00003	0.04	0.5	2	30以上

上表可见，即使环境中的污染物浓度很低，但因为生物浓缩和生物放大作用，生物体内污染物浓度会成千上万倍地增加，这是造成生物污染的根本原因，应引起人们的高度警觉。

当然，生物放大并不是在所有条件下都能发生。据报道，有些物质只能沿食物链传递，而不能沿食物链放大；有些物质既不能沿食物链传递，也不能沿食物链放大。这是因为影响生物放大的因素是多方面的。

如食物链、食物网本身具有复杂性，同一生物可能隶属于不同食物链不同的营养级，因而有不同的食物来源，这就扰乱了生物放大。不同生物或同一生物在不同的条件下，对污染物的吸收、降解、排泄、积累等均有可能不同，也会影响生物放大作用。

（3）生物积累。

生物积累是指生物从周围环境（水、土壤、大气）和食物链蓄积某种物质或元素，使其在机体中的浓度超过周围环境中的浓度的现象。生物积累的程度也用生物浓缩系数表示。

生物浓缩、生物放大、生物积累是造成农作物和水产品等严重污染的根本原因。

9.生物转化

生物转化是指污染物进入生物体后，在其酶系统的催化作用下进行代谢转化的过程，其中包括生物降解和生物活化两种转化过程。

（1）生物降解。

生物降解是指机体内的有机污染物在生物体内酶或分泌酶的作用下分解为简单的有机物或无机物，转变为低毒或无毒物的过程。多数污染物经生物降解后，水溶性提高，毒性也相对减弱或消失，有的分解中间产物与生物体内的物质结合，生成易排泄物而被迅速排出体外。进入水体、土壤中的大量化学农药和其他有机污染物，除了可以发生光化学、催化化学分解之外，主要通过生物降解的途径分解，最终被消除。

（2）生物活化。

有的污染物在生物体内的代谢转变过程中转变为比母体毒性更大的生物活性物质，这种现象称为生物活化。例如，汞甲基化生成毒性更大的甲基汞，就是典型的生物活化实例。

10.自然资源的生态学价值观和生态价值补偿问题

为什么资源的不合理开发利用，资源的浪费、耗竭以及由此引起的环境污染与生态环境的破坏等问题这么严重？这主要是因为人们对自然资源的有限性和价值认识不足，特别是对自然资源价值的认识仍停留在传统的价值观念上。其实，对自然资源的生态学价值观缺乏足够的认识，是最根本的原因。

传统的价值观念认为有许多自然资源都是无限的，没有必要补偿使用。例如，我们原来一直认为水是"取之不尽，用之不竭"的，甚至认为自然资源是大自然的恩赐，都不具有价值。因此，人们对自然资源的使用不计价、不核算。在我国，曾经在很长一段时间内对自然资源是无偿使用的，或基本上是无偿使用的。现在虽然已经没有哪位经济学家再认为自然资源无生态价值了，资源实行补偿使用也已得到社会各界的公认，但是，许多人对资源的价值观仍停留在资源的使用价值和人类劳动所赋予的价值观念上，诸如资源的勘探、保护、更新、开采，以及与之有关的科研、教育的投入等社会必要劳动所赋予的价值。很显然，自然资源的生态学价值观还没有完全科学地建立起来，在理论认识上还不统一，在实践中存在着不确定性。我国实行资源有偿使用后，还存在着资源补偿不足的问题。这其中一个重要的原因是人们对自然资源的生态学价值没有科学对待，没有实施足够的生态价值补偿。资源不作价或价值严重偏低，造成资源补偿不足，实质上就是国有资产的流失。自古以来，人类对自然资源的开发利用多考虑经济利益和物质享受，而忽视其生态学价值的损益。在人类历史上，由于不合理开发利用森林、草原等自然资源所造成的生态破坏，其根源就是缺乏自然资源的生态学价值观念。

较长时间的资源补偿不足，不仅造成资源耗竭，生态环境恶化，而且导致生态修复工程量大、资金需求量大，结果会进一步威胁到经济社会的可持续发展，甚至威胁到人类的生存与繁衍。

因此，要从根本上落实人们对自然资源的合理开发利用和资源的补偿使用政策，必须突破传统的资源价值观的束缚，不能再继续沿用传统的商品价值观来认识自然资源的价值，而必须确立自然资源的生态学价值观念。

（1）自然资源的生态学价值与生态价值补偿观的理论依据和概念。

生态学家早已指出，自然界中存在的各种资源都是自然生态系统中的重要组成部分，在维持地球生态系统平衡中都发挥着极其重要的作用。例如，森林造氧能力强，可以吸收 CO_2，维持地球的碳循环与碳平衡，可应对全球气候变化；吸收其他有害气体，净化空气；防止水土流失，涵养水源，调节气候；防风固沙，改善小气候；减少干旱和洪水灾害；保护生物多样性等。这就是森林资源的生态学价值所在，即使是原始森林，人类没有付出什么劳动，但是它对人类的生存和发展，对维持地球生态系统的平衡已具备不可替代的生态功能。一棵大树，如果我们仅考虑它的商品价值，用人类劳动所赋予的价值和使用价值来衡量，可能只价值上万元；而考虑到上述生态学效益，可能就价值百万元了。正因为人们对资源的生态学价值认识不足，结果才造成乱砍滥伐等得不偿失的错误行为的发生。

现代人已经非常清楚：人类的生存和繁衍需要有一个永续稳定发展的处于相对平衡状态的地球生态系统。资源的开发利用可给人类带来物质利益和经济利益，但是资源的不合理开发利用和只消耗不增殖，以致资源耗竭，或遭受严重的污染，无疑会改变剩余资源的生态学意义，甚至使该资源的生态功能完全消失，而生态系统的修复、重建及生态功能的完全恢复则需要花费更大的经济投入。更为严重的是，有些生态系统的破坏可能是无法恢复或非常难以恢复的，对人类的生存和繁衍可能引起不可逆转的灾难性恶果。例如，许多物种消失了，河流湖泊干涸了，大片土地荒漠化、沙漠化了。资源的利用和损耗虽然在经济活动中和再生产过程中反映出它的经济学价值，例如，把树木砍伐下来制成家具等可以获得经济利益和物质享受，但是在生态学上可能引起的损害不可忽视，其中包括环境污染在内。为了弥补生态与环境受损害的后果，维持地球生态系统的平衡，必然要付出更大的经济代价。因此，从生态学的角度，人们把自然资源所固有的生态学意义（生态功能）引入经济学中提出了自然资源的生态学价值观，而把资源开发利用过程引起的生态学上的损害或得益引入经济学中提出了资源生态价值补偿的观念。

自然资源所固有的生态学意义（生态功能），在维持生态系统平衡中的作用，就是资源的生态学价值。而资源开发利用前后生态学价值的变化（生态损害或生态恢复），就是资源生态价值补偿的客观理论基础。这是生态经济学的理论核心。

自然资源的生态学价值观和生态价值补偿观不是对传统的经济学价值观的否定，而是对它的必要补充。任何一项资源的开发利用，都必须同时从传统的经济学价值和生态学价值两个方面综合评价，只有这样才能真正解决资源补偿不足的问题。

（2）资源生态学价值的量化。

人类劳动所赋予的劳动价值和资源的使用价值一般来说较易量化，而资源的生态学价值相对来说是难以量化的。有些资源的生态学价值很难从经济学角度来计量，如太阳光、空气等无需进入商品化，其生态学价值是无需量化的；有些资源的生态学意义至今还没有被人类所完全认识。因此，在目前的条件下，要想对所有资源的生态学价值进行量化，条件还不具备。但是，某些资源的生态学价值的定量化或半定量化还是有可能做到的。可再生资源的生态学价值可以从资源开发利用后所造成的生态破坏需要多少经济投入才能得以恢复来衡量。例如，原始森林的生态学价值，可以用营造等质等量的人工林所花费的全部经济代价来衡量，在数值上等于人类劳动所赋予的劳动价值，当然，这里还忽略了大自然的贡献。对于那些不可再生资源或难以再生的资源，其生态学价值的量化就困难多了。例如，土壤资源，形成1 cm厚的土壤层需要几百年，甚至更长的时间，而且主要是大自然的贡献，是人类难以模拟和强化的岩石物理风化、化学风化和生物风化与成土作用的产物，因此，无法用形成等质等量的土壤资源所花费的人类劳动来衡量。我们只能依据其生态功能和资源再生的难度来进行半定量的估算。目前，有些地区所采取的在经济建设中"谁占用耕地，谁在别处开垦等量的荒地"的补偿办法是有积极意义的。但是，仅仅如此补偿还是不够的，新开垦的荒地的生态学价值的提升还远远补偿不了原来优良耕地被占用所造成的土壤生态学价值的损失。

总之，资源的生态学价值的量化问题是个相当复杂的难题，需要多学科的共同协作，在目前条件下，最好的方法是利用专家系统，由易到难逐步地对资源的生态学价值进行半定量的估算。对于那些生态学意义还没有被真正认识的资源，我们应抓紧加强研究，不能随意"作价拍卖"，否则就是盲目地开发利用资源，其后果是严重的，甚至是危险的。

综上所述，自然资源的生态学价值观和生态价值补偿问题，还有许多认识上、理论上，以及实践上的问题，需要花大气力去研究、去解决。

六　生态文明的含义与建设

1.生态文明的含义

"生态"是指包括人类在内的一切生命有机体的生存与发展状态。人们通常把生态系统简称为生态。因此，这里所说的"生态"是一个名词，有生态良好与生态脆弱之分，或生态平衡与生态不平衡之分，或生态文明与生态不文明之分。我们常说的"生态保护""生态治理""生态修复"，实际上是指"生态系统的保护""生态系统的治理""生态系统的修复"，而常说的"生态优先"，实际上是指"生态系统的保护、治理、修复优先"。另外，"生态"也常作修饰词使用，例如，我们常说的"生态城市"就是指"生态良好的城市"或"生态文明的城市"，这里的"生态"就成了"生态良好的""生态文明的"简称，而作为修饰词使用了。

而"文明"一词有多种含义，常使用的主要有两种：一是指文化，有什么样的文化，就有什么样的文明。如物质文明、精神文明、政治文明、社会文明都是文化形态含义的文明；再如不同的国家、不同的民族、不同的宗教的不同文化，就是这些国家、民族、宗教的不同文明，即文化形态含义的文明。二是指社会发展进步状态，如原始文明（以敬畏自然为主要特征）、农耕文明（以顺应自然为主要特征）、工业文明（以征服自然、改造自然为主要特征）。这种含义的文明，具有人类社会历史发展的时代性、阶段性，即社会形态含义的文明。

既然"文明"一词常用的有两种含义，那么生态文明的含义也应有两种。通常所说的"绿色文化""环境文化""生态文化""共生文化""共同体文化"，就是生态文明的文化内涵，属价值观范畴，包括价值观和行为方式。强调人类必须与大自然和谐共生，人与人、人与社会和谐共生共存共享，才能实现人类经济社会的可持续发展、和谐发展、永续发展，这是生态文明的重要文化内涵，即核心价值观。

因此，国内学者把生态文明的文化含义定义为：人类遵循人、自然、社会和谐发展这一客观规律而取得的物质和精神成果的总和，是指以人与自然、人与人、人与社会和谐共生、良性循环、全面发展、持续繁荣为基本宗旨的文化伦理形态。

生态文明的另一种含义，即社会形态含义，最早是由德国学者伊林·费切尔在1978年撰写的《论人类的生存环境》中提出的，但是他只是简单地将生态文明作为工业文明之后的一种文明形态，而没有给出生态文明的定义。国际上较早对"生态文明"一词进行描述的是美国学者罗伊·莫里森于1995年出版的《生态民主》一书，但是他也没有给出清晰简明的定义，对其概念没有阐释清楚，没有得到各国科学界的认可。我国学者有意识地对生态文明的建设进行研究始于20世纪80年代，其重点在环境建设和生态建设等硬件建设方面。进入21世纪，我国诸多学者对生态文明进行了专题研究，出版了一系列著作，从理论与实践等多方面、多角度阐释了我国生态文明建设的实践经验和发展路径，并对生态文明的定义进行描述。但是关于生态文明社会形态的含义或明确的定义，国内外至今没有达成共识。

目前，国内外较为认可的生态文明的社会形态含义是指：20世纪70年代以来，继工业文明之后相继出现和发展的人类社会整体进步状态，是在对传统工业文明带来的种种环境污染和生态破坏、生态安全问题进行深刻反思基础上逐渐形成和正在世界范围内积极推动的一种文明形态，它是超越工业文明的新文明，是更进步、更高级的现代文明①，是适合人类生存与永续发展的，人与自然、人与人、人与社会和谐共生，乃至全人类和谐共生共存共享的社会进步形态。它涉及人类社会的政治、经济、文化、社会等各个领域。

环境可分为自然环境和社会环境，生态系统也有自然生态系统（人与自然生态环境构成的综合体）和社会生态系统（人与人、人与社会生

---

① 参见杨伟民：《大力推进生态文明建设》《十八大报告辅导读本》，北京：人民出版社2012年版。

态环境构成的综合体）之分。因此，生态文明一词，既包括自然生态文明，也包括社会生态文明。自然生态文明的建设要着重处理好人与自然生态环境的关系，实现人与自然的和谐共生，这是生态文明建设的基础、前提和条件；社会生态文明的建设要着重处理好人与人、人与社会生态环境的关系，建设有序和谐社会，乃至构建人类命运共同体，这是生态文明建设更高层次的发展目标和人类社会文明进步发展的方向，也是自然生态文明建设的根本保证。两者相互联系、相互制约，密不可分。可见，生态文明的概念涵盖了社会和谐以及人与人、人与自然和谐共生的全部内容。它是人类社会文明进步的高级社会形态和相对应的文化伦理形态。它的基本要求和核心价值观念是实现人与自然、人与人、人与社会和谐相处，乃至全人类和谐相处，特别强调的是要为子孙后代留下足够的良好的生存和发展空间。生态文明是实现人类经济社会可持续发展、和谐发展、永续发展、永久和平、共同繁荣所必然要求的人类社会进步形态和科学价值观。

综上所述，文明既是一种社会形态，又是一种文化伦理形态。因此，生态文明可以表述为：人类社会在发展到一定的历史阶段（20世纪70年代以后），在对传统工业文明带来的资源环境与生态等种种问题进行深刻反思的基础上所逐步建立起来的，适合人类生存与永续发展的，人与自然、人与人、人与社会和谐共生，乃至全人类和谐共生共存共享的现代社会进步形态，及其相对应的文化伦理形态（价值观和行为方式）。

2.如何建设生态文明

全面的生态文明建设应包括自然生态文明建设和社会生态文明建设两个方面，而且不能够把生态文明建设简单地等同于生态建设。其内涵十分广泛，既有改善环境、生态与环境治理、生态修复的硬件建设（即通常所说的环境建设、生态建设），让环境美、生态美、城乡美，真正实现人与自然的和谐共生，即自然生态文明建设，这是生态文明建设的基础工程；又有培育与弘扬生态文明与生态文化价值观的软件建设，把生态文明和生态文化的价值观教育融入社会主义核心价值观教育之中，融入国民素质教育体系之中，以提高全民的生态文明意识和自觉参与生态文明建设的行为精神，真正实现人与自然、人与人、人与社会的和谐共生共存共享，建设有序和谐美丽的社会，即社会生态文明建设。因此，全面的生态文明建设是一个复杂的系统工程，它涉及经济建设、政治建设、文化建设、社会建设等诸多方面，不可能一蹴而就，需要一个过程，甚至需要几代人的共同努力奋斗。我们可以根据国情、世情制定阶段性目标，要有紧迫感和责任感，还要清醒地认识到，生态文明建设不可能一劳永逸，它是一个必须永远坚持的任务。目前，我们仍然要继续加强面向全社会的宣传教育工作，以增强全体公民的生态文明意识，牢固树立生态文明和生态文化的价值观，特别强调的是要认真贯彻落实习近平生态文明思想，深刻理解"绿水青山就是金山银山"的科学论断，转变旧有错误观念。例如，必须转变环境保护与经济发展不能协调发展的观点，必须转变走"先污染后治理"的老路是可行的观点，必须转变单纯以GDP论英雄的"政绩观"等。只有旧的错误观念转变了，才能凝聚共识、形成合力、统一行动，真正把生态文明建设融入经济建设、政治建设、文化建设、社会建设的各方面和全过程，相应加快立法和生态文明制度体系建设，以及生态文明体制改革。

3. 生态规划与生态建设

生态规划与生态建设是城市和乡村规划与建设的重要组成部分，是生态文明建设最基础最重要的环节。生态规划就是按照生态学原理，依据自然资源保护、环境保护、生态保护的法律法规和绿色发展、可持续发展的原则，对一个地区的社会、经济、文化、科学技术、生态和环境制定的综合规划。生态建设是生态规划的实施过程和结果，目的在于科学利用资源，促进规划与建设区域内生态系统的良性循环，促进经济社会稳定持续发展。我们常说的"生态城市""绿色生态城市"的规划与建设，就是把这一区域的社会、经济和自然资源、生态系统、环境系统等不同系统统一在一起，构成一个"社会-经济-自然复合生态系统"。这个复合生态系统搞好了、稳定了、平衡了，人与自然、人与人、人与社会就和谐了。

生态规划与生态建设一般包括生态农业美丽乡村规划与建设和绿色生态美丽城市规划与建设。

4.生态农业美丽乡村规划与建设

生态农业是现代农业的重要组成部分，它是利用生态学原理，依据生态系统内部物质循环和能量转化的基本规律建立的一种农业生产方式。生态农业的生产结构是农、林、牧、副、渔等各业合理结合，使生态系统中的初级生产者——农作物的产物能沿着食物链的各个营养级进行多层次利用，以便有效地发挥各种资源的经济效益。

农村的生态与环境问题主要表现为农药和化肥的大量使用对环境造成的污染，生活污水、生活垃圾、畜禽养殖废物排放、农作物秸秆焚烧、农用薄膜等造成的污染，以及对土地资源的不合理利用造成的水土流失、土地荒漠化等土壤生态环境破坏问题。生态农业美丽乡村规划与建设就是要解决好这些问题。

生态农业美丽乡村规划与建设首先强调的是，实现农业生态系统的良性循环、组成结构的合理化、生态系统的稳定平衡，建设生态良好、生态安全、生态宜居的绿色美丽乡村，同时要注意经济效益的提高，注意把农村的生态文明建设与脱贫致富相结合。近年来，我国广大农村把生态旅游、观光农业等也纳入了生态农业与美丽乡村规划与建设之中。

生态农业美丽乡村规划与建设强调科学规划农、林、牧、副、渔等各业，把山、水、林、田、湖、草看作一个生命共同体，实施系统性工程综合整治，使整个农业生态系统组成、结构比例符合生态学原理。例如，该退耕还林的必须退耕还林，该退耕还牧的必须退耕还牧。菲律宾玛雅农场把农田、林地、鱼塘、畜牧场、加工厂和沼气池巧妙联合成一个有机整体，使能源和物质得到充分利用，把整个农场建设成一个高效、和谐的农业生态系统，这是早些年世界上公认的生态农业的典范。

生态农业的发展强调施用有机肥料和豆科植物轮作，而化肥只作为辅助肥料；强调利用生物防治技术、综合防治技术来防治农作物病虫害，而尽量少使用化学农药。因此，发展有机农业、绿色农业，生产有机农产品、绿色农产品成了生态农业的新发展方向。

在美丽乡村建设中，实施的"旱改水"的"厕所革命"，对改善农村居民的卫生环境具有重要意义。但是，厕所"旱改水"之后的下水如何集中处理是个新问题，必须同步解决。

5.绿色生态美丽城市规划与建设

生态城市或绿色生态美丽城市，是指社会经济和生态环境协调发展，各个领域基本符合绿色发展、可持续发展要求的地市级行政区域。生态城市或绿色生态美丽城市规划与建设是城市规划与建设的重要组成部分。

生态城市或绿色生态美丽城市的主要标志是：生态环境良好并不断趋向更高水平的平衡，城市绿化良好，人均森林面积、人均绿地面积达到一定的指标，湿地保护、河流湖泊治理、生态修复、生态红线等有科学规划；环境污染基本消除，环境质量明显改善，自然资源得到有效保护和合理利用；稳定可靠的生态安全保障体系基本形成；环境保护和生态保护法律、法规、制度得到有效贯彻执行；以绿色经济、生态经济、循环经济、低碳经济为特色的经济加速发展；人与自然、人与人、人与社会和谐共生，生态文化有长足发展，生态文明意识和生态文明价值观在全社会牢固树立；城市环境整洁优美，山清水秀，绿树成荫，空气清新，人民生活质量全面提高等。

科学规划绿色生态美丽城市，必须注意以下四个方面内容：

（1）城市生态系统。

一个城市实质上是一个以城市居民为中心，由居民与周围环境所组成的复杂的"社会-经济-自然复合人工生态系统"。与农业生态系统有所不同，城市生态系统的组成、结构很特殊，它基本上缺少了第一性生产者，也基本上没有初级消费者，即通常所说的缺少农业、畜牧业、渔业、养殖业。城市居民作为城市生态系统的最高级消费者所需要消费的粮食、水果、蔬菜、肉、蛋、燃料等都需要从城市生态系统以外输入；同时，城市生态系统中缺少分解者，居民生产、生活产生的各种污染物，特别是生活污水、生活垃圾等废物，在城市系统内又难以处置，需运输到城市生态系统外围处理。可见，城市生态系统是一个功能不齐全的，物质在系统内难以循环利用的不稳定系统。城市人口规模越大，城市生态系统越不稳定。因此，在做城市生态规划时，特别强调需要与城市周边的农业生态系统的规划与建设相结合、相协调，真正做到符合生态学原理的城乡一体化。如果我们不能充分认识这一点，而是盲目地发展，城市生态系统就可能不协调、不稳定、不平衡，甚至导致城市生态安全保障体系的瓦解。

（2）城市人口规模的设计。

在城市生态规划中，首要的是城市人口的规划，特别是在我国，城市化的进程在加快，有关城市人口规模的设计，是一个需要统一认识和研究解决的问题。在城市生态系统的重新设计中，一般城市人口规模到底以多大为宜？其基础理论、基本依据是什么？发展特大城市是利大于弊，还是弊大于利？这些是在城市生态规划中必须首先做出回答的问题。

发展特大城市（市区人口500万以上）或超大城市（市区人口1000万以上）有有利的一面，例如：成为经济中心，对周边地区的经济产生"辐射"影响；成为文化中心、教育中心、科技中心；可以接纳更多的农村过剩劳动力；拥有城市高层建筑，节省住房占地等。因此，只要在不破坏城市生态系统平衡的前提下，有适宜的地理环境条件（水文、地质、地貌等），有合理的城市规划和工业、商业、交通等布局，在一个国家内有计划地发展若干个特大城市或超大城市还是有利的。

但是，我们也必须充分认识到，特大城市或超大城市的发展可能带来一定的弊端，主要表现在以下几个方面：

①交通拥挤，污染严重，公路、街道、立交桥、停车场占地面积大。

②水资源需求量大，生活污水、垃圾处理量大。如果不能做到及时处理和解决，那么城市水源可能供应不足，城市污染可能更加严重。

③粮食、蔬菜、水果、水产、能源等供应紧张，需从城市系统外输入，城市系统内部难以解决。

④城市热岛效应加剧，空气污染加重。

⑤由于城市规模大，居民居住地向郊区迁移，上下班距离加大，增加了交通系统的压力和汽车尾气的排放。

⑥城市住房用地紧张，发展高层建筑需用电梯，耗能增加。

总之，特大城市或超大城市发展的弊端很多，而且随着城市人口的增加，上述弊端也就越来越突出。所以，一般认为不宜发展较多特大城市特别是超大城市。最近几年，我国正在发展"城市群""城市带"，即以某一较大的城市为中心，向周边"辐射"发展若干中、小城镇，形成"城乡一体化"的现代化大城市，这将成为我国今后一段时期"城市化""城镇化"的主要发展模式。

（3）保留城市"空地"，划定"生态空间红线"。

保留城市"空地"，有人称之为"负规划"，即在城市生态规划中必须有计划地保留一定的空地，用于增加城市绿化和农业用地，特别是增加林地，还要保护好湿地，这是城市生态规划的重要内容。城市"空地"的含义是什么？有人说城市"空地"是指还没有开发利用的土地。但是，我们所说的城市"空地"是指不得开发利用的土地，只能作为林地、农用地、绿化地，在城市生态规划中必须以法律的形式划定"生态空间红线"，保证这部分"空地"永久不能作为工业、商业、房地产业、文化事业、教育事业等的开发用地。

城市绿化，不能片面地理解为美化，更重要的是要充分发挥其净化空气、改善小气候，给人创造一个舒适的生活环境的生态功能。现在，我国提出的"绿色生态城市""森林城市""海绵城市""园林城市"等的发展规划与建设，都需要在实践中去探索、去总结经验，不断提升科学性。

（4）绿色生态城市系统的建设。

在未来城市建设中一个理想的设计是：建设一个绿色的，让生活更美好的，适合人类生存与永续发展的，人与自然、人与人、人与社会和谐共生的现代化城市，即生态文明的和谐的美丽城市。这是一种理想的符合生态学规律的新兴城市。在这个生态城市系统中，要将工业、农业、能源、交通、商业、现代服务业等各业相互结合起来，实现农业现代化和绿色生态化，城市绿色生态化、园林化和低碳智能现代化。

绿色生态美丽城市的规划与建设还涉及很多问题，如城市饮用水源、供水、排水系统，粮食、蔬菜、水果、水产的生产供应系统，城市交通运输系统，城市能源、电力供给系统，工业系统，商业系统，现代服务业系统，文化教育系统，医疗卫生防疫疾控系统，低碳城市与生态社区系统，以及环境污染综合治理与控制系统，水生生态系统、土壤生态系统、湿地生态系统的保护和生活污水、生活垃圾的处置、处理等环境系统和生态系统的规划与建设，等等。

七　人类经济社会发展问题

1.可持续发展观的产生

人类自从诞生以来，在漫长的时间内，一直是从自然界自由地索取资源，并依靠空气、水、土壤、生物的自然再循环机制消除人类活动产生的废物。20世纪以前，这种放任的基本上无管理的生产与生活方式，并未引起人们的关注。尽管在人口增长趋势预测分析中，英国著名的人口学家托马斯·马尔萨斯早在18世纪就研究运用美国人口统计数字，并于1798年出版了《人口原理》一书，即我们所称的"马尔萨斯人口论"，震惊了世界。但是，马尔萨斯的观点仅仅是从人口问题的角度来谈论人类社会发展的，不全面，不辩证。那个时候，环境污染与生态破坏还不明显，直至今日，地球仍容纳了人类社会而没有崩溃。

20世纪中叶以来，一个明显的迹象表明，人类消耗自然资源和排放废物的规模超过自然更新的容量，环境污染与生态环境的破坏引起了世人的关注。1962年，美国著名的生物学家蕾切尔·卡森，以当时接连不断发生的环境污染为例，特别是化学农药的污染危害，编著出版了一本科普著作《寂静的春天》，引起了世界各国政府和人民的震惊与反思。

1968年，由欧美几十位专家、学者组织的非政府组织"罗马俱乐部"成立。他们以探索环境与发展的关系为宗旨，组织美国麻省理工学院的丹尼斯·L.梅多斯指导下的一个研究小组开展了关于人口增长预测的研究，并于1972年出版了《增长的极限》一书。该书引用杰伊·福莱斯特研究的"世界模型"，对人口增长、工业化、粮食供应、不可再生资源的耗竭和环境污染等五个方面问题做出预测，结果令世人震惊与忧思。该预测认为在21世纪的某个时期，地球将到达它所能够供养人类生存的极限，甚至达到无法控制的地步，一切都会"在公元2100年到来之前发生"，并提出发达国家应停止增长即"零增长"的观点。该预测被认为过于悲观，遭到了广泛的批评。但是，《增长的极限》一书的出版，的确给人类敲响了警钟，这对后来的可持续发展观的产生具有积极的意义。

20世纪80年代以后，全球性环境问题的不断恶化，引起了人们的深刻反思。1987年，世界环境与发展委员会（WCED）将经过长达四年研究和充分论证的报告《我们共同的未来》提交给联合国大会，正式提出了可持续发展的概念与可持续发展模式。这表明人类已经意识到要从根本上解决环境与发展问题，必须将传统的发展模式转变为可持续发展的模式。可持续发展观是针对过去不可持续发展的历史和现实而提出的新理念。

1992年6月在巴西里约热内卢召开的联合国环境与发展大会，就"可持续发展战略"问题达成了共识。回顾人类发展的历史，特别是1972—1992年的发展历程，就可以清楚地看出，走可持续发展的道路，是人类经过反思后所做出的正确抉择，可持续发展观是人类经济社会历史发展的必然产物。

2.可持续发展观的概念和内涵

自1992年联合国环境与发展大会以后，"可持续发展"一词被世界各国广泛使用。但是，对于它的真正含义以及如何才能实现，世界各国却一直没有达成一致的意见。现在世界上比较普遍认可的是以布伦特兰夫人为首的联合国世界环境与发展委员会于1987年向联合国大会提交的《我们共同的未来》报告中首次提出的可持续发展的定义："既满足当代人的需要，又不对后代人满足其需要的能力构成威胁和危害的发展。"这个定义看似简单，但内涵十分丰富，其核心内容包括以下四个方面：

①可持续发展观首先强调的是"持续发展"或"永续发展"，这种发展必须以不超越环境与资源的承载力为前提，促进人与大自然的和谐，既满足于当前，又满足于未来的需要；是以提高全人类的生活质量

为目标的发展，其核心是"以人为本"，确保人类经济社会持续（或永续）、健康、安全、稳定发展。

②可持续发展观强调公平性原则。这里的公平性包括时间上的公平性与空间上的公平性。时间上的公平性即代际间的公平性，不能只考虑当代而不考虑子孙后代，不仅要满足当代人的需要，而且要不损害子孙后代的需求供给能力，保证一代接一代地永续发展。空间上的公平性即世界各国间的公平性，无论是大国还是小国，无论是发达国家还是发展中国家，都平等地享有生存的权利发展的权利，并在发展中对人类的当前和未来做出应有的承诺与贡献。不平衡的发展不是可持续的发展，而团结、协作、互相依存、互惠互利，走共同发展共同富裕的道路，才是人类经济社会可持续发展的内涵。同样，在一个国家的内部，不同的地区、不同的民族、不同的人群或阶层之间的发展不平衡，也是不公平的，当然也不是可持续的发展。任何不平衡的发展、不公平的发展、不能共享的发展，都是不可能持续发展、和谐发展、永续发展的。

③可持续发展观强调协调性原则。这里的协调性主要是指人与自然生态系统的协调，经济社会发展与环境保护、生态保护的协调，需要正确处理好人口、能源资源、环境、生态与发展之间的辩证关系，只有协调的发展才能保证持续稳定的发展。

④可持续发展观强调共同性原则。可持续发展作为全人类的共同总目标，其利益是共同的，全人类的命运也是共同的，要实现人类的可持续发展或永续发展，其应履行的义务和应尽的责任也是共同的，必须要全人类共同努力，共同奋斗。当然，不同发展进程的国家，所承担的义务和责任在一定的时期内应是有区别的。

很显然，可持续发展观的核心思想是：在全球范围内，世界各国公平地共同地实现经济、社会、生态与环境的协调、稳步、安全、健康的持续发展或永续发展。

3.可持续发展意识的主要特征

人类在发现传统的工业文明时代的经济增长模式所造成的巨大生态与环境的破坏以后，经过反思，明确了经济社会的发展与生态、环境的关系，形成了可持续发展意识，这是人类历史上的一次认识上的飞跃。可持续发展意识的主要特征表现在以下几个方面：

（1）综合思维。

它把人类、社会、自然生态系统、环境系统和经济系统等作为一个有机整体，统一考虑，注意协调约束各自的行为限度，以达到动态的发展平衡。这种思维方式表现在社会发展战略的选择上就是要综合决策。

（2）价值观。

可持续发展的价值评定不仅以人类为标准，也以更深层次的人类和自然这一整体为尺度；不仅以人类利益为目标，也以人类和自然的和谐发展为目标。在价值观念上，它既承认自然界对人类的各种价值，也承认自然界自身存在的价值，即生态学价值，以及生命和自然界可持续、永续生存的价值。

（3）经济观。

经济增长是生产产值的提高，但它并不等于经济发展，不能以损害和牺牲环境的方式去追求经济增长，应强调发展绿色经济，走绿色发展之路。经济发展的目的是在人类、社会、经济和生态与环境相互协调的前提下，提高人类的生活质量。

（4）道德观。

可持续发展意识要求人们具有很高的文化水平和道德水平，明白自身活动对于自然、人类社会生存和发展的长远影响和可能产生的后果，认识自己对社会和子孙后代的崇高责任，并能自觉地为社会的长远利益而牺牲一些眼前利益和局部利益。人们应当改变过度消费，不要过分追求物质享受，要提倡简约适度、绿色低碳的生活方式，更要停止以牺牲环境为代价来换取高额利润的各种违法的和不道德的行为。

在可持续发展意识中，伦理道德调节的范围从人与人的社会关系扩展到人类社会与自然界的关系。这种道德的目标是人类经济社会和自然生态与环境的协调，即人与自然、人与人、人与社会的和谐共生，乃至全人类的和谐共生共存共享。

综上所述，可持续发展意识实质上就是人类在运用辩证唯物史观认识客观世界的过程中，逐步形成的人类经济社会发展的新观念。只有树立和增强了可持续发展意识，才能自觉地实施可持续发展战略，坚定走可持续发展之路。我国已将可持续发展作为基本国策，只有坚持可持续发展，才能实现中华民族的伟大复兴和永续发展。

4.科学发展观与贯彻落实科学发展观的基本原则

发展问题是人类社会发展历史上的一个大问题，也是马克思主义理论的重要内容，更是当前人类面临的重大问题之一。人类经济社会能否真正做到科学发展，是关系到全人类命运的大事。党的十六大以后，党中央继承和发展了党中央领导集体关于发展的重要思想，总结经验，吸收人类社会对发展问题的新认识、新理论，提出了"以人为本，全面协调可持续发展"的科学发展观，即第一要义是发展，核心是以人为本，基本要求是全面协调可持续，根本方法是统筹兼顾。

贯彻落实科学发展观的基本原则是：

（1）必须遵从"以人为本"的原则。

"以人为本"，也就是"以全体人民为本"，这是发展的根本目的所在。科学发展观的核心思想是"以人为本"，不仅"以当代人为本"，还要"以后代人为本"。

全心全意为人民服务是党的根本宗旨，党和政府的一切工作都是为了造福于全体人民。以人民为中心的发展才是科学的发展。

如何理解"以人为本"？至少有三层意思：①科学发展的最终目标是建构和谐社会，实现全体人民的共同富裕，发展的成果应由全体人民共享。判断是否为科学发展，首先要看出发点与落脚点，看是否真的为了最广大人民群众的根本利益，是否全体人民真正受益共享。②遵从"以人为本"的原则，还必须关爱人的健康和生命安全，绝不能以牺牲人的生命、健康和安全为代价来谋发展。③要以实现"人的全面发展"为目标，注意提高人口的素质，提高教育程度；提高人口的科学素质，注重科普教育；提高人口的人文精神、现代文明素质、生态文明素质；提升"幸福指数"；特别强调要实现精准扶贫，实现教育的公平。

（2）必须遵从科学性的原则。

科学发展观的第一要义是发展，没有发展当然是不科学的，应该发展的不发展，当然也是不科学的。不发展最不科学，要发展就要科学发展，即任何发展都应强调符合科学原理、符合科学规律。任何违反科学原理、生态学原理、自然规律、经济规律、教育规律、社会发展规律的发展都是不科学的。

科学发展观要向更全面的协调发展方向推进，既包括经济的发展，又包括政治、文化、社会的发展，以及人的全面发展。单纯以GDP论"英雄"的发展，不是科学的发展，仅仅只考虑经济的发展，是不全面、不科学的发展。

贯彻落实科学性原则，需要我们去学习科学，学习新理论，掌握高新科学技术和科学规律。当然，有些领域也有一定难度，有些科学领域是未知的，需要我们去探索、去研究。

（3）必须遵从"十分慎重"的原则。

对人类还没有认识清楚的问题（未知的问题），必须遵从"十分慎重"的原则，要先做科学实验、科学论证，或"试点""摸着石头过河"，而不能盲目不负责任地立即行动。

（4）必须遵从可持续的原则。

任何违反可持续原则的发展都是不科学的，是绝对不可取的。

5.五大发展理念

中共中央第十八届五中全会于2015年10月29日通过的《中共中央关于制定国民经济和社会发展第十三个五年规划的建议》中明确提出了"创新、协调、绿色、开放、共享"五大发展理念。这是习近平新时代中国特色社会主义思想的重要组成部分，是我国进入中国特色社会主义新时代，建设富强民主文明和谐美丽的社会主义现代化强国，实现中华民族伟大复兴和永续发展，必须长期坚持贯彻执行的发展新理念。

这五大发展理念的具体内涵是：创新是引领发展的第一动力。必须把创新摆在国家发展全局的核心位置，不断推进理论创新、制度创新、科技创新、文化创新等各方面创新，让创新贯穿党和国家一切工作，让创新在全社会蔚然成风。

协调是持续健康发展的内在要求。必须牢牢把握中国特色社会主义事业总体布局，正确处理发展中的重大关系，重点促进城乡区域协调发展，促进经济社会协调发展，促进新型工业化、信息化、城镇化、农业现代化同步发展，在增强国家硬实力的同时注重提升国家软实力，不断增强发展整体性。

绿色是永续发展的必要条件和人民对美好生活追求的重要体现。必须坚持节约资源和保护环境的基本国策，坚持可持续发展，坚定走生产发展、生活富裕、生态良好的文明发展道路，加快建设资源节约型、环境友好型社会，形成人与自然和谐发展现代化建设新格局，推进美丽中国建设，为全球生态安全作出新贡献。

开放是国家繁荣发展的必由之路。必须顺应我国经济深度融入世界经济的趋势，奉行互利共赢的开放战略，坚持内外需协调、进出口平衡、引进来和走出去并重、引资和引技引智并举，发展更高层次的开放型经济，积极参与全球经济治理和公共产品供给，提高我国在全球经济治理中的制度性话语权，构建广泛的利益共同体。

共享是中国特色社会主义的本质要求。必须坚持发展为了人民、发展依靠人民、发展成果由人民共享，作出更有效的制度安排，使全体人民在共建共享发展中有更多获得感，增强发展动力，增进人民团结，朝着共同富裕方向稳步前进。

坚持创新发展、协调发展、绿色发展、开放发展、共享发展，是关系我国发展全局的一场深刻变革。我们要充分认识这场变革的重大现实意义和深远历史意义，统一思想，协调行动，深化改革，开拓进取，推动我国发展迈上新台阶，进入高质量发展新时代，实现中华民族的伟大复兴和永续发展。

八　绿色发展问题

1.绿色发展的概念

绿色是永续发展的必要条件和人民对美好生活追求的重要体现。只有坚持绿色发展，才能实现可持续发展、和谐发展，只有可持续发展、和谐发展，才能实现中华民族的伟大复兴和永续发展。

"坚持绿色富国、绿色惠民"，坚持"绿水青山就是金山银山"的理念，"为人民提供更多的优质绿色生态产品"，加快推进生态文明建设，推动形成绿色发展方式和生活方式，协同推进人民富裕、国家富强、中国美丽。

坚持绿色发展，必须发展绿色经济、绿色文化，推动绿色和谐生态美丽社会建设，并以生态文明和生态文化的价值观念引领绿色发展，真正做到把生态文明的价值观念和绿色发展的理念融入经济建设、政治建设、文化建设、社会建设的各方面和全过程。以建设生态文明的和谐的美丽中国、美丽世界为发展目标的发展，就是绿色发展。

关于绿色发展，目前国内外并没有统一的公认的定义。这里仅从"绿色"这一词的概念出发来讨论绿色发展的概念。

"绿色"有狭义和广义之分。狭义的"绿色"就是绿色的本意：草和树叶茂盛时的颜色，蓝色颜料和黄色颜料混合即呈现这种绿色。大自然中的绿色植物所显的绿色，是其中含有的叶绿素的颜色。用光学的理论来解释，是因为绿色植物中的叶绿素吸收了太阳光中的其他各色光，反射和透射的主要是绿色和黄色波长的光，所以呈现出深浅不同的绿色。凡是含有叶绿素的植物（包括某些藻类）均称为绿色植物，它们可以进行光合作用，有助于维持生物圈中的碳氧平衡。绿色植物是生命的象征，因此，绿色的本意就是生命，没有大自然的绿色就没有生命，也就没有人类社会。谁破坏或毁坏了大自然的绿色，谁就破坏或毁坏了人类生存与繁衍的基石，人类社会的可持续发展、和谐发展、永续发展将成为一句空话。

广义的"绿色",是指在其本意的基础上扩大产生的新意。

绿色的新意就是与环境保护、生态保护、节约能源资源、可持续发展、和谐发展、永续发展、生态文明建设有关的新意,并在新兴的"绿色发展"的旗帜下不断地创新与发展着。

绿色的新意之一是:本身无污染之意。如绿色食品等。

绿色的新意之二是:不污染环境或保护环境、节约能源资源的意思。如绿色产业、绿色产品、绿色能源、绿色生产方式、绿色生活方式、绿色消费等。

绿色的新意之三是:环境与生态的近义词。如绿色文明与环境文明、生态文明是内涵相近的概念,绿色文化与环境文化、生态文化也是内涵相近的概念。但是,绿色化学不同于环境化学,它们是两个完全不同的概念。

根据以上分析,我们可以得出绿色发展的概念是既包括狭义的绿色发展,如增加森林覆盖率等,又包括广义的绿色发展,即与环境保护、生态保护相协调的,高效节能低碳节约资源的,生态良好的,可持续发展的,致力于人与自然、人与人、人与社会和谐共生,乃至全人类和谐共生共存共享,建设生态文明美丽社会的发展。

2.绿色食品与有机食品

在我国,原来将绿色食品分为两级:AA级与A级。AA级即有机食品,而A级为绿色食品。

有机食品是指从生产基地到整个生产、加工、储运等过程,其周围的大气、水、土壤等环境都不得遭受污染(即符合国家有关规定与标准);不施用任何化学农药、化学肥料(只施用有机肥料);加工过程不添加任何化学添加剂,且产品经过质检部门检验证明符合国家规定的有机食品卫生标准，并颁发专门的"有机食品"商标的食品。这种食品在美国也叫作"有机食品"，而在日本叫作"自然食品"，也有的叫作"天然食品"。

绿色食品是指产品经过质检部门检验证明符合国家规定的绿色食品卫生标准的食品，指标只有一定的限制，而不像有机食品那样有许多限制条件，可以允许使用某些化学肥料和农药，但有一定的限制使用规定，如限制使用农药品种、用量、使用次数等。绿色食品也有专门的"绿色食品"商标。

另外还有一种食品，即无公害食品，是指产地环境清洁，按照特定的技术操作规程生产，将有害物含量控制在规定的标准内，并由授权部门审定批准，允许使用无公害标志的食品。无公害食品注意产品的安全质量，比绿色食品的标准要宽些。我们不能误认为无公害食品就是绿色食品，更不能把无公害食品和常说的绿色食品误认为是有机食品。市场上存在将无公害食品、绿色食品与有机食品混为一谈，误导公众消费的现象，必须引起有关部门的高度重视。

3.绿色产业

绿色产业包括绿色工业、绿色农业、绿色服务业（绿色第三产业）。

绿色工业包括绿色制造业、绿色电力、绿色建材、绿色建筑业、绿色交通运输业等。绿色农业包括生态农业、林业、畜牧业、渔业等。绿色服务业包括一切为环境保护、生态保护服务的企业，如环境工程、生态工程、生态修复工程的设计与监管，绿色生态城市规划，环境污染治理技术委托研究、咨询服务，环境规划与环境质量评价，工程建设环境影响评价，工矿企业、商厦室内环境质量监测服务，环境保护、生态保护科学与技术研究，可回收利用资源的回收、综合利用工程技术的开发研究等。此外，还有绿色文化产业，如绿色文学与艺术创作、绿色生态旅游业等。可以预计，绿色产业在未来将会有更大的发展。

4. 绿色文学与艺术

绿色文学与艺术，曾叫作环境文学与艺术（也有的称环境文学为自然文学），现在又称生态文学与艺术。其内涵大致相同，主要是指以环境保护、生态保护为题材的文学与艺术创作理论与作品，属绿色文化或绿色生态文化的范畴，应成为今后文学、艺术创新发展的重要内容之一。我们需要充分认识绿色文学与艺术作品在生态文明宣传教育中的重要作用。

1997年11月，于北京召开的第九届国际科学与和平周生态环境保护报告会上，著名作家赵大年如是说："战争和爱情是文学的两个永恒的主题，今天应加上环保。"

国际上绿色文学的经典代表著作主要有：蕾切尔·卡森的《寂静的春天》、亨利·戴维·梭罗的《瓦尔登湖》、奥尔多·利奥波德的《沙乡年鉴》等。我国的环境文学作家、生态文化学者徐刚著有《世纪末的忧思》《倾听大地》《守望家园》等，还有程虹教授翻译的《醒来的森林》《遥远的房屋》《心灵的慰藉》《低吟的荒野》等，都很值得我们一读。

5. 绿色学校

早些年我国开展的创建"绿色学校"活动中，主要采用了以下五个方面的评选标准：

①学校要有环境教育，或生态文明教育管理制度与工作计划，开设环境教育或生态文明教育课程，开展实践活动。

②学校要有较好的环保设施，校园绿化面积人均1~2平方米，环境优美，规划合理。

③师生环境保护意识、生态文明意识强，不乱丢纸、瓜果皮，不践踏草地等。

④师生受环境教育和生态文明教育、参加环保活动覆盖面在50%以上。

⑤学校领导重视环保，重视生态文明建设，如参加相关培训等。

可见，创建"绿色学校"活动是普及环境教育、生态文明教育的好举措。至于"绿色学校"的评选标准，会随着时间的推移和时代的发展而有所调整。

6.绿色能源

（1）绿色能源的概念。

绿色能源也称清洁能源，它有狭义和广义之分，狭义的绿色能源是指可再生能源，如太阳能、风能、水能、生物能、地热能、潮汐能等。这些能源消耗之后可以恢复补充，很少产生污染。广义的绿色能源包括天然气、页岩气、可燃冰、核电等相对清洁的不可再生能源。我国目前的能源政策总的原则是：按照绿色发展、可持续发展的战略思想来指导能源的开发利用、生产与消费。具体概括为以下三点：

①推进绿色能源革命，改善能源结构，逐步降低煤、石油等不可再生能源在能源结构中的比例，大力发展绿色可再生新能源，适当发展广义清洁型能源。

②调整产业结构，加快发展绿色经济、低碳经济，实施绿色生产、绿色生活方式，尽量降低能耗，高度重视节能减排。

③尽可能减少能源利用过程中对环境的污染危害，如清洁煤技术的应用，烟道气的脱硫、脱硝、除尘等。

（2）绿色能源举例。

①太阳能。

　　大力发展和利用太阳能，是绿色能源革命的主攻方向。太阳能是清洁无污染、取之不尽、用之不竭的能源，应成为人类未来的主要能源。大气圈的顶部接收到的太阳能，可达到地球所有矿物能的35000倍，可见其利用潜力之大。

　　应用太阳能的关键技术是太阳能电池。目前市场上大量生产的太阳能电池的主要电极材料是晶体硅或非晶硅化合物。我国最近几年多晶硅项目多，光伏产业发展快速。该技术的最大缺点是：多晶硅的生产高耗能、高污染，而且生产成本相对较高，发电的成本也较高，推广的难度增加。此外，太阳能发电与天气、时间关系密切，阴雨天与夜晚无法发电，要求配以较高的储能技术和设备。

　　据2017年相关新闻报道，利用碲化镉作为电极材料的镀膜玻璃幕墙太阳能发电新技术，在德国可供居民家用，其特点是在弱光下也可发电，即阴雨天、夜晚均可发电，比原来的硅晶发电技术更先进，利用更方便。太阳能板面不需要正对太阳光，竖放、平放均可，强光、弱光均可。可以预见，这项技术的推广应用，将是太阳能光伏发电的新技术革命。另据报道，我国新研制出一种铜铟镓硒发电玻璃，这是太阳能发电的新成果。

　　除了光伏发电以外，国外从20世纪80年代就开始利用光热发电技术。该技术是利用聚光镜子集中太阳能加热水，将水变成水蒸气，然后与传统火力发电一样发电，这样可以大大降低利用太阳能发电的成本。2010年上海世博会上展示的"太阳能低温热水发电技术"，只需200 ℃的蒸气即可发电。现在，有人试验用水泥池贮存油来作为热载体，收集太阳能加热油到300 ℃以上，再由油将热传递给水，将水变成水蒸气，以推动蒸汽机发电。此外，还可用某些盐作为热载体，其光热发电效率更高。

　　太阳能的利用，还有太阳能热水器、太阳能炉具、太阳能暖房、太阳能汽车、太阳能飞机等。可以预见，太阳能的充分利用是解决人类未来能源危机的主要措施之一。2010年上海世博会上展示的英国的"零碳馆",让我们看到了太阳能利用的光明前景。

②风力发电。

利用风力发电是改善能源结构,减少环境污染的重要途径之一。

风力,古代人类就有利用,如风力水车、风力轮船(帆船)等。但是,火力发电、内燃机的出现,使原始风力利用大大减少。然而近几十年来,由于环境污染和能源紧张,风力的利用又引起了极大的关注。例如,美国20世纪70年代以来,大力研究发展风力发电,特别是在沿海、山区、草原地区,其风力资源丰富,利用价值相当大(一般风速需大于3.8 m/s,才能利用风力发电,当然,风速过大也不行)。

风力发电可以输入电网,也可以一家一户使用。此外,还可以把太阳能发电与风力发电组合起来应用。最近几年我国风力发电发展迅速,对改善能源结构发挥了重要作用。

③水力发电。

水力发电本身是一种经济、清洁、无污染、可再生的绿色清洁型能源(不属于新能源)。但是,发展水电必须进行环境影响评价,在选址、规模、对周围生态环境的影响上作出论证,不能随意立项动工建设。这是由于水电站的建设需要修公路,建大坝、水库,可能要付出巨大的生态与环境代价,其主要表现在:淹没大量土地,破坏原有的地貌和生态平衡;诱发山体崩塌、滑坡、泥石流,甚至地震等地质环境灾害;对水库周围一定范围内的局部气候有一定影响,特别是大型水库。然而,只要充分论证,科学规划设计,精心施工建设,把可能的生态环境影响减小到最低程度,水力发电还是一项应当适当发展的重要的能源政策,其在改善能源结构中发挥着重要的作用。

关于水力发电,现在我国与世界上许多发达国家的水电专家和环保人士都认为,为了减小水电站对周围生态环境的影响,不宜建太高的大坝,可以将水力分散分级利用,建立多级水电站;也可以发展流水发电，其落差要求不高（一般超过2 m的落差即可发电），只要流量大即可建水电站，这样就可以减少上述建大坝的负面影响了。

④生物质能。

生物质能属可再生的绿色能源，它是利用绿色植物的光合作用将太阳能、水和CO_2转化成生物化学能。这是充分利用太阳能并吸收CO_2，减少大气中温室气体的成本较低的一种好方法。人们将这些生物化学能以不同的方式加以利用，现在最普遍的是利用农业废弃物（如作物秸秆、畜禽粪尿等）、生活垃圾，以及有机污染物（如造纸、酿造废水等）制取沼气。沼气燃烧产生的能量，即最常规的生物质能。沼气之所以被认为是清洁型的绿色能源，是因为沼气在燃烧时虽有CO_2、CO等废气排放，但相对其他常规的化石燃料（煤、石油等）来说，污染小得多，而且基本上是废物利用，是化害为利、综合利用的好方法。此外，利用秸秆、生活垃圾燃烧发电，也是生物质能的有效利用方式。

利用高粱、玉米、木薯等植物经发酵制取乙醇，再将乙醇直接作生物质能利用，或与汽油配合使用都是合理利用生物质能的方法。当然，利用粮食作物作为生物质能，从能源利用率（投入与产出比）来看是不经济的，也要防止其与粮食生产争地的矛盾产生，在我国是不提倡利用粮食作物作为生物质能来利用的，而是提倡利用农业废弃物生产生物质能，如作物秸秆、锯木等。我国已成功利用粗纤维素制取乙醇，现在要解决的是如何降低成本的问题。美国加州贝尔实验室的科学家利用芒草的纤维素制取乙醇获得成功，其乙醇的产率比用玉米高五倍，而芒草属多年生植物，不用施肥，只需少量灌溉即可正常生长，这是一个很有发展前景的技术。

此外，还可开发新的可产油的植物树种，如小桐籽可提炼出桐籽油，再生产生物柴油。利用各种动植物油脂（包括厨房废弃油脂、地沟油等）与甲醇（或乙醇）经交脂反应可生产出能代替柴油的替代品（生物柴油）。

　　可见，开发利用生物质能以代替越来越紧张的汽油、柴油是解决交通能源需求的重要措施。

　　⑤氢燃料。

　　氢气是最清洁的燃料，也是可再生的、取之不尽、用之不竭的最佳二次新能源（如果用电解水的方法制氢气，则电是二次能源，氢气就是三次能源了）。氢气燃烧后释放出能量，而产物是清洁的水，毫无污染物排放。但是，为什么氢气作为燃料应用至今还没有发展起来？主要原因是氢气的获得有一定的难度，既不能用电解水的方法，也不宜用一般的化学方法。用电解水产生氢气的问题主要是电的来源问题，若利用的电主要是煤电，则增加了煤电厂的环境污染危害，而且会造成能量的一大浪费。据报道，每100度电电解水制得的氢气通过燃料电池发电只能产生30度的电，电能损失达70%。若应用半水煤气或水煤气制氢气，则因为需先用优质煤炼出焦炭，而炼焦会产生高污染，同时在制氢过程中会释放出CO_2。因此，氢能源的开发利用首先要解决如何经济有效、科学合理地获得氢气的问题。

　　直接利用催化剂和光电池原理，让太阳光照射水体，产生电能直接分解水产生氢气，是化学家几十年来一直致力研究的重要课题。从水中利用太阳光直接制取氢气是最理想的方法，它将光致电压池与光电化学池分解水相结合（一体化），效率很高。美国卡罗拉多能源再生实验室的研究人员设计了一种装置，光能转化为氢气的效率高达12.4%。这个装置利用了砷化镓光致电压池与磷化镓铟光化学电池的特殊组合，光致电压组件提供了有效电解水所需要的电压。此项研究还在进一步实验中，其中最关键的技术是催化剂的选择，用以提高光能转化成电能的效率。

　　应用具有特殊功能的产氢微生物直接将水和有机物（包括污水中的有机物）转化产生氢气，是微生物学家致力于研究的重要课题，这是一种回归自然的好方法，此项研究进展很快。据2005年4月22日报道，美国某州立大学发明了一种高效的微生物制氢技术，该微生物能直接将污水中的有机物转化产生氢气，氢产率是传统发酵法的4倍。可以预见，产氢微生物制氢将会成为获得氢能源的重要方法。

此外，其他工业的副产物氢气也是可以收集利用的，如电解氯化钠制取氢氧化钠的副产物氢气。

氢能源的开发利用还有一个问题是氢燃料电池的造价较高，原因是所用的电极材料铂、钯价格昂贵，而且铂矿资源短缺，限制了氢燃料电池汽车的发展。据报道，我国前些年每年只能生产4吨铂，而进口40吨铂。但是，每5万辆车要用1吨铂，可见其不可持续性。目前，美国暂不支持发展氢燃料电池汽车计划，而是把重点放在基础研究上，首先是开发研究替代铂金电极的材料，以获得新一代的氢燃料电池。

氢燃料的开发利用还有个难点是氢气的储存材料与储存方法的问题，需要进一步研究解决。目前，科学家研究出一种叫碳纳米纤维的材料（碳超海绵体），氢气吸收量很高。

⑥可燃冰（甲烷水合物）。

近年来人们在海底深处（主要在地球两极终年封冻的海底）发现了可以为人类开发利用的甲烷水合物，外观像冰晶，人们称之为可燃冰，它在受热后汽化，释放出CH_4。据估计，可燃冰的储存量高达全球矿物燃料总储存量的两倍。据报道，我国南海某海域的可燃冰含CH_4量高达99.8%（而一般的可燃冰中，CH_4的含量是80%，20%为CO_2），为其开发利用创造了有利的条件。我国已在南海成功开采了可燃冰并稳定产气，为下一步可燃冰的开发利用创造了条件。另外，据报道，韩国在东海附近发现了一个大的可燃冰层，其储存厚度高达150米。每立方米可燃冰可释放出164立方米的甲烷。可见这一新能源的安全开采利用，将对世界能源资源做出重大贡献。

⑦核电。

a.核裂变电。

核裂变发电本身是无污染的，最大的优点是不排放 CO_2。因此，核电属广义的清洁型能源，在我国目前阶段可以在确保安全的前提下适当发展。但是核裂变发电不是纯粹的清洁型能源。首先，核裂变燃料——铀矿是不可再生资源，在开采、提炼浓缩过程中会有放射性污染；其次，核电站的核废料的贮存、处理等也可能造成严重的放射性污染。另外，核电站的最大问题是安全问题，一座新建的核电站安全使用期只有40年，因此，核电站的选址要十分慎重。

b.可控核聚变能。

可控核聚变能是一种可能成为未来长期利用的清洁型新能源，其原料来源是存在于海水和淡水中的能源物质——氢的同位素氘。从海水中分离氘的技术已经成熟，每立方米海水能产生约33克氘，其功率潜力相当于296吨煤，可见，地球上水中的氘能提供人类所需的全部能量，预计可供人类利用1000～2000年。现在又发现氦-3可以代替氘和氚聚变发电，而月球上储存有100万吨的氦-3，可供人类利用1万年，所以，探月工程的一个很重要的价值是解决地球上的能源问题。但是，可控核聚变发电至今仍处于研究阶段，技术的难点是核聚变能的控制释放问题。另外，耐高温材料的问题，也是个大难题。当然，如果这项技术最终获得成功，将是核电的主要发展方向，其污染比核裂变电站小得多。我国和多个国家合作，共同进行"人造小太阳"的演示实验项目。

7.绿色化学

（1）绿色化学的产生。

绿色化学是化学学科领域里"绿色变革"的产物。绿色化学已成为当代化学的一个重要的前沿学科。

大约从20世纪80年代以后，化学在社会公众中的形象发生了一些微妙的变化。例如，美国杜邦公司的广告语原为"化学造就更好的物质，创造更美好的生活"，后来删去"化学"，并改为"开创美好生活"，即使还是要用化学的方法来生产产品（主要是化妆品等）。我国一些食品、化妆品广告和包装上也常加上一句："本品不含任何化学添加剂。"化学似乎成了有害的同义词，其实纯天然物也都是化学物质，只不过不是人工合成的而已。出现以上这些现象，固然部分是出于误解，但是不可否认的是，化学化工生产过程中长期以来大量的废物排放与积累，以及一些有害有毒化学品的滥用，在环境中迁移转化或经过食物链而残留于食物中，进而进入人体，加上空气中的污染物可经过呼吸或皮肤吸收进入人体，都对人体健康和生命安全带来严重威胁。环境污染问题的确引起了全人类的极大关注。

化学家经过反思，逐渐认识到当今人类面临的种种环境污染问题，在一定程度上与化学家过去的失误有关。我们既要为了开创美好生活而不断发展化学和化学工业，但又不能再让它的生产过程和它的产品破坏我们的环境，贻害我们的子孙，这就是当代化学家所面临的最大挑战。20世纪90年代初，经过化学家的努力和创新，一个新的、更安全的、环境友好的化学——绿色化学产生了。

（2）绿色化学的概念。

绿色化学原来称为环境无害化学或环境友好化学，现统称为绿色化学。它是指设计研究没有或只有尽可能小的环境负面作用，在技术上和经济上可行的化学品和化学过程，是在始端实现化学污染预防的科学。

绿色化学是一门具有明确的社会需求与科学目标的新兴学科，属化学学科的分支学科。从科学观点认识，绿色化学是对传统化学思维方式的更新和新发展。例如，传统的化学思维方式之一是只要合成出新的化合物，而不问这个化合物对人体是否有害，也不问这个化合物生产过程中所产生的废物是否会带来严重的环境污染危害。但是，绿色化学的思维方式是要设计研究出对环境无害和安全的化学品。从环境观点认识，绿色化学是从源头上避免和消除污染，包括使用对生态环境无毒无害的原料、催化剂、溶剂和试剂，不仅产物本身无害，还力求使化学反应具有"原子经济性"，即反应物的所有原子尽可能都转化为产物，几乎没有副反应发生，几乎没有副产物，并尽可能实现废物的零排放。从经济观点认识，绿色化学合理利用自然资源与能源，降低生产成本，符合经济可持续发展、资源可持续利用的要求，包括废物回收、利用化学原理变废为宝的综合利用等。

绿色化学的目的是把现有化学和化工生产的技术路线从"先污染，后治理"（这是环境化学的任务）改变为"从源头上根除污染"。显然，防止污染的最佳途径是一开始就不要产生有毒物和形成有害废弃物。所以，绿色化学与环境化学的概念不同。环境化学是以化学污染物在环境中出现而引起的环境问题为研究对象，保护环境的途径重点是环境污染的治理，目标是使环境质量恢复到被污染前的良好状态。绿色化学则是从源头上阻止污染物的生成，即所谓"污染预防"，是一种新思想、新策略、新途径。既然没有有害物的使用、生成和排放，就不会发生环境污染。因此，只有通过绿色化学的途径，从科学研究出发，发展环境友好的化学、化工技术，才能从根本上解决化学物质的环境污染问题，当然，这是最理想的状态，也是绿色化学家的根本任务。

（3）绿色化学的主要研究内容和成果举例。

绿色化学的主要研究内容是研究新的化学反应体系，包括新合成方法和路线；寻求新的化学原料，包括生物资源的利用；探索新反应条件、新催化剂、环境无害的反应介质（溶剂），以及设计和研制绿色产品。可见，绿色化学的研究目标和内容蕴藏在一般的化学与化工过程的基本要素之中。例如：目标分子或最终产品的设计，原材料或起始物的选择，转换反应或工艺路线的选定，催化剂、反应条件、溶剂的选择，等等。近20多年来，绿色化学的研究内容和成果主要有以下几个方面：

①设计或探寻更安全的目标物质。

利用化学构效关系和分子改性（改变结构或基团）以达到效能和毒

性、危害之间的最佳状态，即设计出更安全的目标物质（属结构化学中分子设计研究方向）。此项研究目前已成为有机合成的最新研究热门课题。例如，消耗臭氧层物质（ODS）的替代品的合成研究，现有的成果有：氢氟烃（HFC）四氟乙烷，七氟丙烷（可取代哈龙作为灭火剂），二氟甲烷（是国内外迅速发展的一种绿色化学产品），七氟环戊烷（是性能较好的氯氟烃化合物的替代品，易分解，在大气中的寿命很短，不会上升至平流层进入臭氧层，对臭氧层几乎没有破坏）。

再如，高效、低毒、低残留、易降解的新农药的合成研究，也是绿色化学的重要研究内容和成果，如新杀菌剂四羟基甲基硫磷酸（THPS）的开发研究。

此外，原有的某些有毒、有害化工产品改性（改变结构，但基本性能不变）也是绿色化学的研究范畴。例如，联苯胺是很重要的染料中间体，但因有强致癌性而被很多国家禁用，将其分子结构改造后所制得的染料，可以既保持染料的功能，又消除联苯胺的致癌性。所以，通过对许多已知致癌物化工产品改性而消除其致癌性的研究成为绿色化学的重要研究内容。

②无毒无害原料的选用。

无毒无害原料的选用，是绿色化学的第二项研究重点。例如，己二酸一直是用对人体健康危害很大、有毒的、具有一定致癌性的苯作为起始物生产的，且生产过程中还产生 NO_x 污染环境。1994 年，采用遗传工程获得的微生物催化剂，以葡萄糖为起始物，成功地合成了己二酸，从而替代了苯，这是绿色化学的典型成果。

又如，绿色化学运动的成果之一就是不再使用有毒有害的光气（$COCl_2$）作原料，而以 CO_2 作为光气的替代品，成功地应用于许多化学合成中。例如，碳酸二甲酯（DMC）由于安全、无环境污染，是一种优良的甲基化试剂，而且 DMC 还可用于汽油中，改进燃烧反应过程，替代其他氧化剂（醚类），从而减少有毒汽车尾气的排放。传统方法合成

DMC，多数是用光气为原料，而且产生副产物 HCl，污染环境。而光气是剧毒的气体，曾用作军用化学毒气，用 CO_2 替代光气来合成 DMC 曾是一个美好的设想，如今，这一设想已被绿色化学家所实现。此项技术的关键是选用新的合适的催化剂。

传统方法：$2CH_3OH + COCl_2 \longrightarrow CH_3OCOOCH_3 + 2HCl$

绿色新方法：$2CH_3OH + CO_2 \xrightarrow{\text{催化剂}} CH_3OCOOCH_3 + H_2O$

此外，醇与尿素反应是制取碳酸酯的另一种潜在路线，问题的关键也是催化剂的选择。

$2ROH + CO(NH_2)_2 \xrightarrow{\text{催化剂}} 2NH_3 + ROCOOR$ ············（1）

$2NH_3 + CO_2 \longrightarrow CO(NH_2)_2 + H_2O$ ············（2）

将（1）式与（2）式联合循环使用，相当于由醇与 CO_2 合成有机碳酸酯。

另外，利用生物资源作为原料来生产有机产品和能源，也是绿色化学的主要研究内容，特别是在石油危机出现以后显得更重要。

③更新合成路线和全面优化反应条件。

更新合成路线，减少合成步骤，提高原子利用率，减少副反应，甚至达到"一锅煮"的一步反应，反应物全部转变为产物，从而提高产率，减少污染，是绿色化学研究的重点内容。另外，改变原有催化剂，使用活性更高、副反应更少的催化剂，以及降低反应温度、压力，减少能源的消耗等，都是绿色化学研究的内容。例如，美国一家合资企业开发研究了一种生产阿波普洛芬——2-（4异丁基苯基）丙酸（一种应用广泛的解热、抗炎、镇痛药）的新工艺。该新工艺将原来的6步合成路线改变为3步，原子利用率由原来的40%提高到80%以上，大大减少了污染物的排放。该公司于1992年就建成了世界上最大的该产品生产线，并于1997年获得第二届"美国总统绿色化学挑战奖"中的"优秀路线合成奖"。再如，中国科学院化学研究所研究成功的利用路易斯酸和钯作催化剂，由苯酚一步反应加氢制得了环己烷。

此外，改变原来有机反应常用的有机溶剂，如以水、超临界 CO_2、超临界水作溶剂和反应媒介的应用等新工艺、新技术也是绿色化学的重要研究课题。例如，用过热水和超临界水作为反应介质，代替原来的有机溶剂，对减少有机废物的排放起到很大的作用。

当压力达到218个大气压、温度达到374 ℃时，水达到超临界状态，此时水的介电常数低，是一种中等极性溶剂，因此能溶解非极性的有机分子。事实上，大多数碳氢化合物在200～250 ℃的水中都会变成可溶的。水在接近临界点时，性质发生很大变化，选择过热水或超临界水作为有机反应的介质是有益于环境保护的。第一个在超临界水介质条件下的反应体系是炔的三聚环化反应。这种反应在超临界水条件下很容易进行，不管是1-己炔、苯乙炔，还是2-丁炔，在特有的催化剂的催化作用下都可以发生定量环化。

超临界 CO_2 可用于大型萃取工艺，现已在萃取分离技术领域中得到广泛应用，如天然药物的提取、从植物油精炼副产物中提取天然维生素E、从银杏叶中提取银杏提取物等。这种工艺流程简单、无毒、无污染，产品质量高，例如天然维生素E在生理活性和安全性上均优于人工合成的维生素E。

④废物回收，利用化学原理变废为宝。

废物回收（主要指农业废弃物、生活垃圾等），利用化学原理变废为宝，也是绿色化学的研究内容。从某种意义上来说，在绿色化学家面前是没有废物的，所有的"废物"都可以是另一种产物的原材料。当然，这里特别强调的是利用化学原理，而不是一般的物理方法。

例如，获得第一届（1996年）"美国总统绿色化学挑战奖"中"学术奖"的是德克萨斯农业大学化工系的生物废物转化研究组。他们的研究成果是利用生物废料，包括城市固体废弃物、下水道污泥、粪便，以及农业残余物等，将它们转化为饲料、化工原料及燃料。如将木质纤维废物（作物秸秆、蔗渣等）用石灰水高温处理，使之转化为饲料，再经厌氧发酵制得脂肪酸钙盐，还可经热解生成酮类化工原料。他们还发明了一种"氨纤维爆破技术"，使木质素酶降解木质素的速度大大加快，糖化率和蛋白质回收率显著提高。这一成果解决了长期困扰市政环卫等环境部门的一大难题。

再如，获得第四届（1999年）"美国总统绿色化学挑战奖"中"小企业奖"的是一个只有三位股东的小型公司发明的技术。该技术是用稀硫酸在200~220℃的温度条件下经过15分钟即可把纤维素原料转化为一种用途广泛的化工原料中间体——乙酰丙酸。这些纤维原料可以是造纸厂生产过程中的污泥残渣、城市固体废弃物、无法再生的废纸、腐朽的木头、作物秸秆等。

在我国，绿色化学自1995年就开始在国家的科研规划中得到重视，20多年来取得了很大的成绩。据2017年的报道，天津理工大学的两位教授研究出一种新技术，利用氮杂穴醚双核钴配合物为催化剂，在日光照射下，将CO_2还原为CO，效率在国际上处于领先水平。这项技术若能完全成功并得到广泛应用，将是绿色化学家对人类的重大贡献。此外，国内外有不少科学家在试验研究，将CO_2和水在光照和催化剂作用下直接产生CH_4，这也将是绿色化学家对人类的重大贡献。可以预见，绿色化学在未来10到20年内将会有更大的发展。

8.绿色经济

发展绿色经济或绿色生态经济是绿色发展和生态文明建设的基础工程。1989年，英国环境经济学家皮尔斯等人在《绿色经济蓝图》一书中首次提出"绿色经济"一词。近20多年来，绿色经济的发展，特别是欧盟几个发达国家的绿色经济发展较快，但是，目前仍然是21世纪的新经济。前任联合国秘书长潘基文2007年12月3日发表文章说：人类正面临着一次绿色经济时代的巨大变革，发展绿色经济，走绿色发展之路是正确的道路。2012年6月20日—22日，联合国在巴西里约热内卢召开了可持续发展大会，通过了《我们憧憬的未来》的决议。2015年9月，联合国又通过了《2030年可持续发展议程》，表明世界各国一致肯定了发展绿色经济是正确的选择。2015年党的十八届五中全会通过的"十三五"规划建议中，明确提出了"绿色发展"的新发展理念。党的十九大报告进一步论述了"坚持人与自然和谐共生""加快生态文明体制改革，建设美丽中国"的重要性，确立了生态文明建设在我国社会主义现代化建设中的重要地位。通过学习，我们清醒地认识到发展绿色经济，走绿色发展之路，是人类经济社会实现可持续发展、和谐发展、永续发展的必由之路，是保护地球、拯救人类的必然选择，应当成为当今世界各国经济建设的战略重点，不管是发达国家还是发展中国家，都别无选择。

什么是绿色经济或绿色生态经济？目前国内学者没有达成共识。一种观点认为它只包括生态经济和可持续发展的经济，另一种观点认为它还应该包括环境经济。本书将绿色经济或绿色生态经济定义为：环境友好的，高效、节能、低碳、节约资源的，生态良好的，可持续发展的经济。其内涵十分丰富，至少有四个方面（环境经济、循环经济、低碳经济、生态经济、可持续发展经济等都可归纳为绿色经济）。

其一，要发展环境友好的经济。经济的发展必须与环境保护、生态保护相协调，要强调发展循环经济，发展清洁生产技术，特别是发展绿色化学与工程技术，从源头上防止污染物的产生，尽可能实现"零排放"，不能走"先污染，后治理"的道路，要坚决堵住违法超标排污和偷排偷放的漏洞。

其二，要建立健全高效、节能、低碳、节约资源的经济结构、产业结构与经济发展模式。如提高第三产业比重，关停或限制"二高一资"企业（高污染、高耗能和资源性企业）等。强调发展节约、集约型经济、高新科技、高效经济、"互联网+"经济，改变传统的、落后的粗放型发展模式，特别强调发展低碳经济、低碳技术、零碳技术、人工智能、清洁型绿色能源，逐步用可再生新能源代替不可再生能源，并高度重视节能减排。要真正落实科学发展观，一个全面的、协调的、可持与发展的经济，才是绿色经济。

其三，在经济发展过程中，绿色产业的发展及其在经济结构、产业结构中的地位和所占GDP的比重要达到一定的指标；"绿色GDP"应进入国家经济核算体系，在GDP的核算体系中要扣除资源耗减成本和环境成本；要实施足够的生态环境补偿与资源补偿。

其四，一个地区或一个国家，甚至全球经济的结构应符合生态学原理。要强调发展符合生态学原理的"农业现代化""城乡一体化""新型城镇化"；在发展经济时应加强生态建设与保护，如要植树造林，增加森林覆盖率，加快生态修复，防止水土流失，防止土地沙漠化、荒漠化、石漠化；要强调发展生态农业、有机农业、生态工业，建设绿色生态城市、低碳城市、森林城市、海绵城市；在调整农业产业结构时，绝不能忽视种植业，要强调实现农、林、牧、副、渔协调发展，山、水、林、田、湖、草综合治理。我们人类社会发展到今天，已经意识到必须增强生态文明的意识，要按照生态学原理来发展经济，要有计划地、科学地规划建设生态文明县、生态文明城市、生态文明省、生态文明国家。所以说，符合生态学原理的生态良好的经济，即生态经济，是绿色经济的重要内涵。

此外，绿色经济的建设与发展，还必须要有绿色经济学等基础性科学的引领和绿色金融、绿色教育、绿色科技等的支持。

综上可知，只有建立在绿色经济理念和发展基础上的文明，才是生态文明；只有发展绿色经济，走绿色发展之路，才是真正把生态文明建设融入经济建设之中。

9.绿色文化

（1）绿色文化的概念。

绿色文化，过去也叫环境文化，现在又提出共生文化、生态文化、共同体文化的概念，它们之间没有本质上的差别，可以看作近义词（以下采用绿色文化或绿色生态文化的提法）。

绿色文化或绿色生态文化是绿色发展和生态文明（包括自然生态文明和社会生态文明）建设的思想文化基础，属价值观范畴，包括价值观和行为方式两个方面，是生态文明建设的软件部分。前面在介绍生态文明的含义时已经说过，实际上绿色文化或绿色生态文化就是生态文明的文化内涵，只是从不同角度的不同提法而已。从文化的角度考虑，称之为绿色文化、环境文化、共生文化、生态文化、共同体文化；而从文明的角度考虑，称之为绿色文明、环境文明、共生文明、生态文明、共同体文明。

绿色文化或绿色生态文化是现代文化的新发展，是和谐文化的重要组成部分，也是社会主义先进文化的重要组成部分。社会主义核心价值观中的"文明""和谐""平等""公正""友善""自由""民主""法治"等都是与绿色文化相通的。例如，"文明"就包含生态文明，"和谐"就包含人与自然、人与人、人与社会的和谐共生，"平等""公正""友善""自由""民主""法治"等都是绿色生态文化和社会生态文明的核心价值取向。因此，创新、发展、培育、弘扬绿色文化或绿色生态文化，树立生态文明价值观，应成为我国乃至全人类文化建设的方向。只有用绿色文化或绿色生态文化的价值理念来引领绿色发展，才能真正把生态文明建设融入政治、经济、文化、社会建设之中。

什么是绿色文化或绿色生态文化？凡是以人与自然、人与人、人与社会的生态和谐关系为基本研究对象，以生态文明的理念为价值导向，致力于研究绿色发展、可持续发展、和谐发展、永续发展的文化伦理形态，即为绿色文化或绿色生态文化[①]。它是人类的新文化，是人类思想观念领域的深刻变革，是对传统工业文化的反思和超越，是在更高层次上对自然法则的尊重和对人类社会发展进步客观规律的尊重。近年来，绿色文化或绿色生态文化的理念逐步广泛渗透到人类经济、科技、哲学、文学、艺术、教育、伦理道德、生活方式等各个领域，产生了绿色经济学、生态经济学、生态科技、生态哲学、生态文学、生态艺术、生态文明教育、生态伦理道德、绿色生活方式等。

（2）绿色文化的价值理念。

绿色文化或绿色生态文化的价值理念强调，人类是自然生命系统的一部分，不可能独立于复杂的自然生态网络之外。人类与自然界的其他生命体和非生物环境形成相互依存、相互制约、不可分离的关系。因此，我们要把地球真正看作一个"地球村"，把人与环境、人与自然界看作统一的生命共同体，在这个共同体中，全人类的命运是共同的，是紧密联系在一起的。世界人口、能源资源、环境、生态等种种严峻问题，特别是全球性环境问题——全球气候变化、酸雨、臭氧层破坏、生物多样性减少、海洋污染问题，以及能源资源耗竭、石油危机、粮食短缺、生态安全危机、生物安全与人的生命安全问题、战争与和平问题等，这些问题的解决需要全人类的共同努力。我们要真正做到人与自然、人与人、人与社会和谐相处，树立全人类的共同利益、共同命运至高无上的哲学思想、政治文化观念，把构建和谐人类社会，构建生态文明、永久和平、共同繁荣的和谐共生世界，构建人类命运共同体，作为世界各国共同的奋斗目标，在整个人类绿色发展、可持续发展、和谐发展、永续发展的康庄大道上前进。

绿色文化或绿色生态文化的价值理念强调，人们既要遵从自然规

---

① 参见全国干部培训教材编审指导委员会：《建设美丽中国》，北京：人民教育出版社，党建读物出版社，2015年版。

律，又要服从社会法律；倡导环境伦理学和生态伦理学的观念，从维持和保护自然生态的价值出发，遵守自然法则，遵从尊重自然、善待自然、顺应自然、保护自然的生态伦理道德原则；提倡人类的一切生产活动和社会生活活动都必须遵从大自然的规律，要自觉地爱护大自然、保护好生态、保护好环境，让天更蓝、水更净、地更绿、空气更清新，创造出一个环境优美、舒适宜人、生态良好、生态安全的现代文明社会。

绿色文化或绿色生态文化的价值理念强调以人为本，以人民为中心，要关爱和十分珍惜人的生命，保护好人的健康和安全，不仅要关爱自己、关爱他人、关爱社会、关爱本国人民，而且要关爱全人类。只有这样才能真正做到人与人、人与社会和谐相处，乃至全人类和谐相处。因此，绿色文化或绿色生态文化的价值理念强调，反对恶意竞争，反对"零和博弈"，倡导"利他主义"的哲学和合理的"义利主义""和平共处""共商共赢"原则的政治与外交，这与我国传统文化中儒家的"仁"，以及基督教的"爱"、佛教的"慈悲"思想相通，也与社会主义核心价值观中的"文明""和谐""友善""平等""公正"的观念相一致。绿色文化或绿色生态文化的价值理念强调，国家与国家之间、人与人之间，不同种族、不同民族、不同宗教之间应互相尊重、信任与包容，国家之间应加强交流、团结与合作，主张用和平的方式解决国际争端，反对侵略，反对霸权主义，反对恐怖主义，反对极端主义。因为绿色是生命的象征，没有绿色就没有生命；绿色也是和平的象征，而战争不仅直接杀伤人类，威胁人类的生存，而且对大自然，对生态环境会造成极大破坏。所以，绿色文化或绿色生态文化的价值理念强调的是维护与推动世界的永久和平。

绿色文化或绿色生态文化的价值理念强调，要把计划生育、环境保护、生态保护、节约能源资源、绿色发展、可持续发展等作为一个国家的基本国策，树立"保护环境，人人有责""建设生态文明，人人参与"的理念；把"人与自然、人与人、人与社会和谐共生，乃至全人类和谐共生共存共享"这一生态文明价值观的核心理念，培育成为每一个人的生活和工作习惯，并形成一种文化传统，代代相传。我们要制定科学合理的、符合生态文明理念的计划生育政策，并加强宣传教育，让公民自觉地参与计划生育行动，逐步调整人口总数和结构的合理性；要正确处理人口、能源资源、生态、环境相互之间以及它们与可持续发展之间的辩证关系。

绿色文化或绿色生态文化的价值理念强调，要提倡绿色消费，倡导绿色生活方式和低碳生活方式，争取人人做到生活方式"绿色化"。

有关绿色文化或绿色生态文化的价值理念与我国传统文化、社会主义先进文化、马克思主义的自然观、社会主义核心价值观之间的关系等，还有许多值得进一步研究的课题。例如，我国传统文化中的"天人合一"，这里的"天"我们就应该理解为大自然，而"天人合一"就是人与自然和谐共生。又如，"和为贵""勤俭节约"等，与绿色文化或绿色生态文化的理念是一致的。绿色文化的某些理念可以看作传统文化的继承和发展，但是也有相互矛盾的地方。例如，燃放烟花爆竹的问题，无限制地燃放烟花爆竹，不仅造成环境污染，资源浪费，而且不分时间、地点地乱放，实在是与生态文明建设格格不入。还有殡葬制度与扫墓祭祀文化中某些旧的风俗习惯和墓地占地面积过大的问题，都存在传统文化与绿色生态文化之间的冲突。如何处理这些传统文化与绿色生态文化之间的矛盾，需要从建设生态文明，发展绿色生态文化的高度来认识，去解决。

绿色文化或绿色生态文化价值理念的产生与发展历史还不长，各国生态文明建设的发展水平也不平衡，在理念上也会有差异，但是与其他文化领域相比，绿色文化或绿色生态文化的价值理念，在不同的社会政治制度、经济发展水平、民族传统文化、宗教信仰的国家之间，其分歧是最小的，其共性是最多的。2015年9月，联合国通过的《2030年可持续发展议程》和2015年12月12日通过并于2016年11月4日正式生效的关于应对全球气候变化的《巴黎协定》，就充分证明了这一点。21世纪是人类社会正在走向经济全球化和文化多元化的时代。而绿色生态文化的发展与生态文明的建设必将推动世界各国之间的交流、团结与合作，完全有可能把绿色生态文化和生态文明价值观作为全人类共同的文化理念和普世价值观，把生态文明建设，包括自然生态文明和社会生态文明建设，作为全人类共同发展的基础，努力走进建设生态文明新时代，以推动世界政治、经济的团结、合作，共同永续发展，为建构永久和平、共同繁荣的生态文明的和谐美丽世界，建构人类命运共同体奠定基础。

10. 绿色消费和绿色生活方式

所谓"绿色消费"是指符合节约能源资源、环境保护、生态保护与绿色发展、可持续发展原则的消费观念、消费行为、消费方式与消费过程。具有绿色消费观念和行为的生活方式，就是绿色生活方式。践行绿色消费和绿色生活方式是每个公民践行生态文明和生态文化价值观的具体行动，是我们每个人都能身体力行地参与建设生态文明社会的具体生活实践。党的十九大报告中明确提出："倡导简约适度、绿色低碳的生活方式，反对奢侈浪费和不合理消费，开展创建节约型机关、绿色家庭、绿色学校、绿色社区和绿色出行等行动。"

关于绿色消费的具体实例可以归纳如下：选购绿色食品、有机食品、绿色产品、有机产品（天然产品）；选用再生纸，打印纸两面用；不用或少用贺卡；不买过度包装商品，不用或少用一次性快餐盒、塑料袋；节约用水，节约用电，节约材料，节约土地，节约粮食，实行"光盘行动"；不住面积过大的房子；多步行或骑自行车，少开车，提倡绿色出行；少吃肉，多吃素，提倡低碳饮食；少买一套新衣服，不要成为"购物狂""剁手党"；在外出或旅游消费过程中，不损坏花草树木，不践踏草地，不乱扔垃圾；等等。

世界自然基金委员会（WWF）提议的"地球一小时"活动，倡议每年3月最后一周的周六晚上8:30—9:30，全城自觉关闭电灯1小时。虽然只是关灯1小时，节约的电量有限，但是这项活动可以大大提高人们节约能源的意识，也是向公众进行生态文明意识教育的极佳时机。

11.低碳生活和碳足迹与低碳生活之饮食

（1）低碳生活。

低碳生活是绿色生活的特例，是指在日常生活、工作、学习、社会实践活动中，消耗的能量要尽量减少，从而降低CO_2的排放量。低碳生活，对于个人来说，是一种态度，而不是能力，是生态文明和生态文化价值理念在人的生活和行为方式上的具体体现。上文中许多绿色消费的实例都与低碳生活有关。

（2）碳足迹。

碳足迹是指一个人、一个产品或一个装置在其整个生命周期中所释放的温室气体总量，以CO_2为标准进行计算，用以衡量人类活动对环境的影响。

碳足迹可以分为第一碳足迹和第二碳足迹。第一碳足迹是因使用化石能源而直接排放CO_2，比如乘坐飞机、开汽车、骑摩托车出行等。第二碳足迹是因使用各种产品而间接排放CO_2，比如消费一瓶普通的瓶装水，会因为它在生产、运输和储存过程中耗电、耗能而产生CO_2排放。通过碳足迹的计算，我们可以知道每个人、每个企业在日常生活、生产中所排放的CO_2的量，从而自觉地控制CO_2的排放，真正实现低碳生活，实现生活方式绿色化。

我们可以应用碳计算公式来计算每个人的碳足迹。

①家居用电的碳排放量：

$$CO_2排放量(kg)=耗电度数 \times 0.785$$

②交通造成的碳排放量：

开汽车、乘坐出租车：

$$CO_2排放量(kg)=油耗升数\times2.7$$

（也可用行车里程除以一升油可行多少千米来折算出耗油量。）

乘坐飞机（乘客人数的变化不计）：

200千米以内短途旅行：

$$CO_2排放量(kg)=飞行千米数\times0.275$$

200~1000千米中途旅行：

$$CO_2排放量(kg)=55+0.105\times（飞行千米数-200）$$

1000千米以上长途旅行：

$$CO_2排放量(kg)=飞行千米数\times0.139$$

③家用燃气的碳排放量：

天然气：

$$CO_2排放量(kg)=天然气使用度数\times0.19$$

液化石油气：

$$CO_2排放量(kg)=液化石油气使用度数\times0.21$$

（计算公式中的0.19和0.21分别是天然气和液化石油气的碳强度系数。）

④家用自来水消耗量与CO_2排放量的关系：

$$CO_2排放量(kg)=自来水使用度数\times0.91\times0.785$$

（生产1吨自来水要消耗电0.67~1.15度，平均为0.91度电。）

（3）低碳生活之饮食。

倡导低碳生活之饮食，是日常生活中实施低碳生活的基本价值要求。人类食物种类繁多，根据其生产过程中所消耗的生物能和相当于排放CO_2量的高低，可将食物分为高碳食物和低碳食物。倡导低碳饮食，就是倡导多吃低碳食物，少吃高碳食物。当然，具体的摄入量需根据营养学原理而定。

　　根据联合国粮农组织的计算，生产 1 kg 牛肉，需要 10 kg 的谷物；生产 1 kg 的猪肉需要 2.1～3 kg 谷物。生产 1 kg 牛肉相当于排放 36.4 kg CO_2，生产牛肉产生的温室气体（包括甲烷）造成的暖化效应，大约是生产鸡肉的 13 倍，是生产马铃薯的 57 倍。可见牛肉是高碳食物，猪肉次之，再次是鸡肉，而谷物是低碳食物。所以，少吃肉、多吃素是低碳生活之饮食。

九　建设生态文明共创美丽中国

1.生态文明教育

生态文明教育是继环境教育、可持续发展教育之后，人类进入21世纪开始兴起的新的教育内容。

环境教育是在20世纪70年代以后随着环境科学的形成和发展而产生的新的教育，其目的是借助于教育手段来使人们认识环境、热爱环境、保护环境、保护生态，获得治理环境污染和防止新的环境与生态问题产生的知识和技能；在人与自然环境的关系上，帮助人们树立正确的价值观，使人们意识到自己保护环境的责任和义务，以便通过共同努力，来保护人类赖以生存的环境和生态。

1992年6月召开的联合国环境与发展大会，标志着世界各国在实行可持续发展战略上达成共识，此后可持续发展教育被纳入环境教育之中。进入21世纪，生态文明教育也被纳入环境教育体系，使环境教育的内涵更加丰富，并且上了一个新台阶。21世纪是人类经济社会由工业文明时代走进生态文明新时代的新世纪，必须把环境教育的内涵提升到生态文明教育的高度，不管是高等教育，还是普及教育，都应如此。

从环境教育到可持续发展教育、生态文明教育发展几十年来，人们对生态文明教育的基本构成要素有了共识，认为它应包含意识教育、理论教育、技能教育、价值观与行为教育四个方面。高等教育和普及教育之间只是在理论教育、技能教育上有不同的要求，下面就普及教育问题作些介绍。

（1）生态文明意识教育。

通过教育的手段唤起人们的生态文明意识，是解决全球严重环境问题、生态问题的先决条件。

意识的形成需要有一定的基本知识和基础理论，开展生态文明意识教育，树立生态文明价值观，首先要通过教育提高全民的环境意识、能源资源意识、生态意识、可持续发展意识。开展这四个方面的意识教育是牢固树立生态文明意识和生态文明价值观的基础。

①环境意识教育。主要是通过环境科学基本知识的学习与宣传教育，使人们意识到人与生态环境之间的辩证关系，以及保护和改善生态环境的重要性。自然生态环境遭受污染不仅直接危害人体健康，而且污染严重到一定程度还可能破坏生态平衡，甚至危及人类生态系统，威胁到人类的生存和繁衍。而社会生态环境的恶化，将严重影响、损害人们的心理健康，甚至影响社会稳定。

②能源资源意识教育。主要是明确能源资源有可再生与不可再生之分，使人们意识到不可再生能源资源的有限性、稀缺性，并有危机意识、节约意识。其次是明确自然资源的生态学价值，使人们意识到节约能源资源，合理开发利用能源资源，让可再生资源增殖，逐步用可再生能源资源代替不可再生能源资源的重要性。我们不能等到不可再生能源资源都用完了再发展可再生能源资源。第三次工业革命的倡导者，美国学者杰里米·里夫金提出用互联网技术加上太阳能等绿色可再生能源来拯救人类社会。再次是尽可能回收利用一切可以循环再利用的废旧废弃物。

③生态意识教育。首先要学习一定的生态学基本知识，了解什么是生态，什么是生态系统以及生态系统的组成、结构和功能，什么是生态平衡，明确生态保护的重要性；要把人类看作自然生态系统和社会生态系统的组成部分，使人们意识到在这个系统中，全人类与整个自然界是一个生命共同体，全人类的命运是共同的，其生存与发展的权利和义务也应是平等的；人类的生存与发展既不能违背大自然的规律，也不能违背人类社会发展的规律，人类一切经济、政治、文化、社会的活动都应以不违反生态学原理，永续维持自然生态系统和社会生态系统的平衡、稳定、和谐、安全为最基本的原则。

④可持续发展意识教育。主要是通过对可持续发展的基本内涵和要

求的宣传教育，明确可持续发展观的含义，即既满足当代人的需要，又不对满足后代人的需要能力构成威胁和危害的发展。使人们意识到只有绿色发展，才能实现可持续发展，人类经济社会的发展必须与生态保护、环境保护相协调，必须改变过去传统粗放的经济增长模式，不能以损害和牺牲环境、浪费能源资源、破坏生态的生产方式和消费模式，也不能以牺牲子孙后代的发展空间的方式去追求经济的增长；并意识到正确处理人口、能源资源、生态、环境相互之间，以及它们与人类经济社会发展之间的辩证关系的重要性。

通过以上四个方面的意识教育，再明确生态文明的概念和价值，人们才有可能提高生态文明意识，也才能逐步确立生态文明价值观。

（2）生态文明理论教育。

生态文明理论教育包括基本概念、基本知识、基本理论的学习与理解，这是生态文明意识教育的基础，也是环境科学高等教育的重点。而在普及教育中，其重点在基本概念、基本知识的了解和掌握，而不在于基本理论的探究。

（3）生态文明技能教育。

生态文明技能教育是指学习和掌握一定的解决环境问题、生态问题的技术与能力，这是环境科学专业高等教育的主要内容。而对于普及教育来说，则主要是提高生态文明方面的综合素质和能力，包括解决环境问题、生态问题的一般工作能力，参与和组织环保公益宣传活动的能力，生态环境调查与分析的能力等。

（4）生态文明价值观与行为教育。

生态文明价值观与行为教育是指通过教育手段使人们树立生态文明的价值观与形成良好的生态文明行为习惯。这其中包括生态文明和生态文化的价值理念；现代生态文明社会的环境伦理道德观、生态伦理道德观；人与自然、人与人、人与社会和谐共生的行为道德观；积极参与保护生态环境的公益活动；践行低碳生活、绿色消费、绿色生活方式；关爱生命与健康；为建设生态文明美丽中国做出贡献的人生价值观等。

2. 人类社会已逐步进入建设全球生态文明新时代

纵观人类社会发展的文明史，它经历了漫长的原始文明（以敬畏自然为主要特征）、农耕文明（以顺应自然为主要特征）和工业文明（以征服自然、改造自然为主要特征）的发展历程。特别是20世纪50年代以来，自然科学与技术突飞猛进，人类的聪明才智既改造了自然、利用了自然，为人类造福，但同时，由于种种原因，往往环境又遭到了污染，自然生态受到破坏。传统的工业文明受到越来越多的质疑，如今人类正面临着一系列世界性难题的挑战。大约从20世纪70年代以后，保护和改善人类赖以生存与发展的生态和环境，节约能源资源，创建一个适合人类生存与永续发展的，人与自然、人与人、人与社会和谐共生，乃至全人类和谐共生共存共享的新的人类社会文明——生态文明，受到我国和世界越来越多的国家的关注。绿色生态经济、绿色生态文化在全球范围内逐渐发展，并已逐步成为人类经济社会文明进步的新的时代特征。2010年上海世博会和2015年米兰世博会，就是这个新时代的人类社会、经济、科技、文化发展的最新成果的展示。很显然，一个国家一个民族的环境意识、能源资源意识、生态意识、绿色发展意识、可持续发展意识、和谐发展意识、永续发展意识和人类命运共同体意识的高低，以及在此基础上建设起来的生态文明的发展水平，成了衡量经济社会发展和民族文明程度的重要标志之一，这表明人类社会已经开始逐步进入一个崭新的历史时代——建设全球生态文明时代。21世纪是人类经济社会走向生态文明共筑人类命运共同体的新世纪，我们需要在继续发展现代工业文明，实施第三次（信息技术、新绿色能源技术、生物技术等）、第四次（人工智能）工业革命的同时，大力推进生态文明建设。

3. 我国已成为全球生态文明建设的重要参与者、贡献者、引领者

2007年党的十七大报告首次提出构建小康社会必须建设生态文明的新要求。2012年党的十八大报告又进一步阐明生态文明建设的重要性、必要性、紧迫性，把生态文明建设放到了更加重要的战略地位，纳入了社会主义现代化建设"五位一体"的总布局，提出了"努力走向社会主义生态文明新时代""建设美丽中国""实现中华民族永续发展"的远大目标。2013年习近平总书记指出，走向生态文明新时代，建设美丽中国，是实现中华民族伟大复兴的中国梦的重要内容。2015年党中央、国务院印发《关于加快推进生态文明建设的意见》。2016年的"十三五"规划中又提出了"绿色发展"的新理念。

关于生态文明建设，早在20世纪80年代，我国就非常重视，特别是党的十八大以后，在以习近平同志为核心的党中央的英明与坚强领导下，在习近平新时代中国特色社会主义思想和习近平生态文明思想的指导下，生态文明建设取得了举世瞩目的巨大成就。2017年党的十九大提出到21世纪中叶，我国将建设成"富强民主文明和谐美丽的社会主义现代化强国"，并致力于推动和引领全球生态文明建设，建构"清洁美丽的世界"，构建"人类命运共同体"。这些让我们明确认识到：走进生态文明新时代，全面建设生态文明和谐美丽的社会主义现代化强国，实现我国经济社会的绿色发展、可持续发展、和谐发展、永续发展，全面建成美丽中国，成为实现中华民族伟大复兴的中国梦的重要战略目标之一。这是符合新世纪新时代特征的科学的远大发展目标，充分体现了我们党和政府与时俱进的历史创造精神和改革创新的时代精神，以及对未来社会的美好追求与远大抱负，这个美好追求与远大抱负就包含"走进中国特色社会主义新时代，全面建设生态文明，共筑美丽中国梦"，就

是要建成"富强民主文明和谐美丽的社会主义现代化强国",并为建构全球生态文明美丽世界,建构人类命运共同体作出更大贡献。这表明,我国已正式在国家层面上,在国际社会率先跨入全面建设生态文明美丽中国时代。正如党的十九大报告所指明的:我国已经成为"全球生态文明建设的重要参与者、贡献者、引领者"。

4.关于加快推进高校开展生态文明教育的思考

走进建设生态文明新时代,全面建设生态文明的和谐的社会主义现代化强国,实现我国经济社会的绿色发展、可持续发展、和谐发展、永续发展,全面建成美丽中国,是实现中华民族伟大复兴的中国梦的重要战略目标之一。要实现这个目标,就必须加强生态文明和生态文化的宣传与教育,以提高全民的生态文明意识和主动参与生态文明建设的精神,并付诸实践行动。同时必须要推动高校的教育教学改革与创新,培养高层次人才,以适应生态文明新时代的发展需要。没有生态文明与生态文化的教育,不是完善的现代教育;没有牢固树立生态文明与生态文化价值观念和缺乏生态文明知识的大学毕业生,难以成长为优秀的社会主义事业的建设者和接班人。

什么是生态文明?什么是生态文化?两者之间有什么关系?其核心价值观是什么?如何建设生态文明?"美丽中国"的深刻内涵是什么?如何把生态文明建设融入经济建设、政治建设、文化建设、社会建设的各方面和全过程?如何把生态文明与生态文化的价值观教育纳入社会主义核心价值观教育之中?如何走绿色发展之路?如何实现我国经济社会的可持续发展、和谐发展、永续发展?如何建构永久和平、共同繁荣的生态文明的和谐清洁美丽的世界?如何建构人类命运共同体?等等,有大量的课题需要我们去学习、去研究。很显然,这些是高等教育必须作出回答的问题。

　　近年来，生态文明与生态文化的价值观念已经逐步广泛渗透到人类经济、科技、哲学、文学、艺术、教育、伦理道德、宗教、生活方式等各个领域，产生了绿色经济学、生态经济学、生态科技、生态哲学、生态政治、生态文学、生态艺术、生态文明教育、生态伦理道德、绿色生活方式等。因此，高等学校应研究如何把生态文明与生态文化的教育与各学科、各专业教育相结合，以推动高校的教育教学改革，为把学生培养成具有强烈爱国主义精神和全人类视野的符合建设生态文明美丽中国新时代要求的，对国家、对世界、对全人类有所贡献的新时代大学毕业生作出应有的贡献。

　　走向生态文明新时代，建设生态文明，包括自然生态文明和社会生态文明，共同建构生态文明的和谐清洁美丽的世界，建构人类命运共同体，是世界性、世纪性的新概念、新思想、新理论、新目标，是习近平新时代中国特色社会主义思想的重要组成部分。因此，高等学校必须要有前瞻性的教育改革，我们要认真地学习与实践，并在学习与实践中去探索、去创新、去发展，因为我们人类社会毕竟刚刚进入建设生态文明新时代。

　　创建一个生态文明的和谐美丽的社会主义现代化强国，实现我国乃至全人类的和平发展、共同发展、永续发展，保护地球拯救人类的责任，落到了当代青年的身上。而未来人才的培养，离不开高等教育，在走向生态文明新时代，全面建成美丽中国，实现中华民族伟大复兴的中国梦，以及共同建构永久和平、共同繁荣的生态文明的和谐美丽世界，建构人类命运共同体的前进道路上，高等教育的改革与创新发展任重而道远。

5.保护地球拯救人类的必由之路——走进建设生态文明新时代，构建人类命运共同体

人类社会文明历史发展到今天遇到了什么问题？地球需要保护吗？人类需要拯救吗？前文介绍的地球和人类面临的十大挑战，已经充分说明地球需要保护，人类需要拯救。但是靠谁去保护？靠谁去拯救？如何去拯救？"世界上从来就没有救世主"，只有靠人类的聪明才智，世界各国齐心协力，自己救自己。有科幻作家幻想用外星球的文明来拯救地球与人类，这只不过是个幻想。真正的科学结论应该是：人类必须达成共识，共同努力奋斗，走绿色发展、可持续发展、和谐发展、永续发展之路；世界各国必须牢固树立人类是一个生命共同体、利益共同体、命运共同体的价值理念，建设生态文明，包括自然生态文明和社会生态文明，努力走进建设生态文明新时代，共建清洁美丽世界，构建人类命运共同体。这是保护地球、拯救人类的唯一出路。2012年6月，国际科学界正式发起了"未来地球计划（FE）"[①]，旨在更好地应对全球环境问题给人类社会带来的挑战。

我们必须清醒地认识到，生态文明是实现人类经济社会可持续发展、和谐发展、永续发展、永久和平、共同繁荣所必然要求的人类社会进步状态和共同价值观，必须用生态文明和生态文化的价值理念统一人类的思想意识，使人类共同为此奋斗。因此，联合国应推进改革，真正承担起解决人类共同面对的重大问题与挑战的责任，研究如何运用生态文明新时代的理论和价值观念，共同为建构全球生态文明、建构人类命运共同体的远大目标而做出贡献。联合国各成员国必须真正做到把人类和大自然看作一个生命共同体，牢固树立人类的共同利益、共同命运至

---

① 中国科学院组建了一个由自然科学和社会科学专家组成的科研团队，参与"未来地球计划（FE）"国际合作科研项目，主要开展面向全球挑战与可持续发展问题的研究。

高无上的哲学思想、政治文化观念，世界各国之间，各民族、各种族、各宗教之间，应互相尊重、信任和包容，加强团结、交流、互助、合作、共商，最终实现共赢。过去的工业文明时代强调的是竞争，甚至出现恶意竞争、"零和博弈"，而生态文明新时代强调的是互助、合作、互利、共赢，强调的是和谐、共生、共存、共享。面对全球性的挑战，人类必须达成共识，共同努力奋斗，联合国需承担起责任。

习近平总书记在党的十九大报告的第十二部分"坚持和平发展道路，推动构建人类命运共同体"中详细地论述了建构人类命运共同体的新思想、新理论，明确指出："没有哪个国家能够独自应对人类面临的各种挑战，也没有哪个国家能够退回到自我封闭的孤岛"，并呼吁"各国人民同心协力，构建人类命运共同体，建设持久和平、普遍安全、共同繁荣、开放包容、清洁美丽的世界……要坚持环境友好，合作应对气候变化，保护好人类赖以生存的地球家园"。同时，向国际社会承诺，我国"秉持共商共建共享的全球治理观""中国人民愿同各国人民一道，推动人类命运共同体建设，共同创造人类的美好未来"。这为人类社会未来的发展指明了方向。

创建一个"适合人类生存与永续发展的，人与自然、人与人、人与社会和谐共生，乃至全人类和谐共生共存共享的"生态文明的现代化的人类社会，实现我国乃至全人类的和平发展、共同发展、永续发展，保护地球，拯救人类的责任落到了当代青年的肩上。新时代的大学生一定要好好学习，认真读书，立志成才，报效祖国，奉献人类。曾经有人把地球比作"宇宙飞船"，地球载着全人类在茫茫的宇宙空间内飞翔，全人类的命运是共同的，全人类是一个生命共同体、利益共同体、命运共同体，人类必须学会共同面对全球性的问题。我们需要反思，需要创新思维，需要把全球的利益、全人类的共同命运挂在心上，为此着想，为此行动。人类保护地球拯救人类的必由之路——走进建设生态文明新时代，构建人类命运共同体，任重而道远。

6.中国梦的科学内涵

党的十八大召开后不久，习近平总书记在参观国家博物馆"复兴之路"展览时，首次提出和阐明了中国梦。他指出：每个人都有理想和追求，都有自己的梦想。现在，大家都在讨论中国梦，我以为，实现中华民族伟大复兴，就是中华民族近代最伟大的中国梦。这个梦想凝聚了几代中国人的夙愿。从这时起"中国梦"就成为全党全社会乃至全世界高度关注的一个重大思想观念。

习近平总书记在2013年3月17日第十二届全国人大第一次会议上的讲话中强调：实现全面建成小康社会，建成富强民主文明和谐的社会主义现代化国家的奋斗目标，实现中华民族伟大复兴的中国梦，就是要实现国家富强、民族振兴、人民幸福，既深深体现了今天中国人的理想，也深深反映了我们先人们不懈追求进步的光荣传统。

"中国梦"是习近平总书记对中国精神、中国力量、中国道路的高度概括，是对中国共产党为人民谋幸福这一根本宗旨的一个新概括和新表达，即国家富强、民族振兴、人民幸福。

习近平总书记指出，中国精神就是以爱国主义为核心的民族精神，以改革创新为核心的时代精神。要用中国精神振兴起全民族的"精气神"，不断增强团结一心的精神纽带和自强不息的精神动力，永远朝气蓬勃迈向未来。

习近平总书记强调，理想指引人生方向，信念决定事业成败。没有理想信念，就会导致精神上"缺钙"，中国梦是全国各族人民的共同理想。

习近平总书记指出，"中国力量就是中国各族人民大团结的力量""中国梦是民族的梦，也是每个中国人的梦，只有每个人都为美好梦想而奋斗，才能汇聚起实现中国梦的磅礴力量"。

中国道路，就是中国特色社会主义道路。党的十九大提出的到21世纪中叶，把我国建设成"富强民主文明和谐美丽的社会主义现代化强国"，是新时代中国特色社会主义发展的战略安排，也是中华民族伟大复兴的"中国梦"的具体内涵。

习近平总书记在2013年7月18日致"生态文明贵阳国际论坛年会"的贺信中明确指出，走向生态文明新时代，建设美丽中国，是实现中华民族伟大复兴的中国梦的重要内容。党的十九大报告的第九部分"加快生态文明体制改革，建设美丽中国"又专门论述了建设生态文明美丽中国的重要性，并指出：生态文明建设功在当代、利在千秋。我们要牢固树立社会主义生态文明观，推动形成人与自然和谐发展现代化新格局，为保护生态环境作出我们这代人的努力！

综上所述，今日的"中国梦"，就是要建成"富强民主文明和谐美丽的社会主义现代化强国"，还要建成健康中国，幸福中国，实现中华民族的伟大复兴和永续发展。这个梦也是世界的梦，"中国梦"的实现，是对全人类的最大贡献。

7.美丽中国的深刻内涵

美丽中国，不是指"漂亮中国"。用一句简洁的话来表述，美丽中国就是指"生态文明的和谐的社会主义现代化的中国"，既要环境美，生态美，城乡美，也要人的心灵美。

环境美，就是要天更蓝、地更绿、水更净、空气更清新；就是要建设环境良好优美的、安静舒适宜居的、绿色低碳节能节约资源的、可持续发展的清洁美丽城市和乡村，而不是过度的"亮化工程"，也不是到处"涂鸦"的所谓"美化"工程。

生态美，就是要绿水青山、绿树成荫、四季常青、鸟语花香；就是要让沙漠变绿洲，荒山变森林，荒地变良田；就是要建设生态良好的、生态安全的、生态宜居的绿色生态美丽城市和乡村。

城乡美，就是要建设森林城市、园林城市，发挥绿化工程的生态功能；就是要建设美丽乡村，"留住乡愁"，留下"自然美"，而不是用人造的塑料花草装饰，搞"人造美"。

人的心灵美，就是要求我们每个人牢固树立尊重自然、顺应自然、保护自然的生态文明理念；树立生态文明和生态文化的价值观，真正做到"人与自然、人与人、人与社会和谐相处"；人人践行绿色生活，争做环境保护、生态保护的卫士和公益活动的志愿者；立志成为"心灵美"的美丽中国建设者和接班人，为创建一个"适合人类生存与永续发展的，人与自然、人与人、人与社会和谐共生，乃至全人类和谐共生共存共享"的现代化生态文明社会作出重大贡献。

关于美丽中国的建设，是中国特色社会主义新时代的新目标、新任务，需要我们去努力学习与实践，并在学习与实践中去研究、去创新，不断总结经验，为在21世纪中叶实现把我国建设成"富强民主文明和谐美丽的社会主义现代化强国"作出应有的努力和不懈奋斗。

8. 加快生态文明制度建设和体制改革，坚持和完善生态文明制度体系

加快生态文明制度建设和体制改革，是生态文明建设的制度保证和法律保证。党的十八届三中全会通过的《中共中央关于全面深化改革若干重大问题的决定》中的第十四项重大改革就是加快生态文明制度建设，明确提出："建设生态文明必须建立体系完整的生态文明制度体系，实行最严格的源头保护制度，损害赔偿制度，责任追究制度，完善环境治理和生态修复制度，以及生态补偿制度，用制度保护生态。"2015年9月11日，中共中央政治局召开会议，审议通过了《生态文明体制改革总体方案》。2017年党的十九大报告的第九部分专门论述了"加快生态文明体制改革，建设美丽中国"问题，提出了以下四点改革举措：

（1）推进绿色发展。

加快建立绿色生产和消费的法律制度和政策导向，建立健全绿色低碳循环发展的经济体系。构建市场导向的绿色技术创新体系，发展绿色金融，壮大节能环保产业、清洁生产产业、清洁能源产业。推进能源生产和消费革命，构建清洁低碳、安全高效的能源体系。推进资源全面节约和循环利用，实施国家节水行动，降低能耗、物耗，实现生产系统和生活系统循环链接。倡导简约适度、绿色低碳的生活方式，反对奢侈浪费和不合理消费，开展创建节约型机关、绿色家庭、绿色学校、绿色社区和绿色出行等行动。

（2）着力解决突出环境问题。

坚持全民共治、源头防治，持续实施大气污染防治行动，打赢蓝天保卫战。加快水污染防治，实施流域环境和近岸海域综合治理。强化土壤污染管控和修复，加强农业面源污染防治，开展农村人居环境整治行动。加强固体废弃物和垃圾处置。提高污染排放标准，强化排污者责任，健全环保信用评价、信息强制性披露、严惩重罚等制度。构建政府为主导、企业为主体、社会组织和公众共同参与的环境治理体系。积极参与全球环境治理，落实减排承诺。

（3）加大生态系统保护力度。

实施重要生态系统保护和修复重大工程，优化生态安全屏障体系，构建生态廊道和生物多样性保护网络，提升生态系统质量和稳定性。完成生态保护红线、永久基本农田、城镇开发边界三条控制线划定工作。开展国土绿化行动，推进荒漠化、石漠化、水土流失综合治理，强化湿地保护和恢复，加强地质灾害防治。完善天然林保护制度，扩大退耕还林还草。严格保护耕地，扩大轮作休耕试点，健全耕地草原森林河流湖泊休养生息制度，建立市场化、多元化生态补偿机制。

（4）改革生态环境监管体制。

加强对生态文明建设的总体设计和组织领导，设立国有自然资源资产管理和自然生态监管机构，完善生态环境管理制度，统一行使全民所有自然资源资产所有者职责，统一行使所有国土空间用途管制和生态保护修复职责，统一行使监管城乡各类污染排放和行政执法职责。构建国土空间开发保护制度，完善主体功能区配套政策，建立以国家公园为主体的自然保护地体系。坚决制止和惩处破坏生态环境行为。

此外，还需要加快有关法律的建设和生态文明宣传教育体制的改革，建立健全完善的生态文明教育体系和领导监管体制。没有立法的要尽早立法，如环境教育或生态文明教育法等；有的环保法，需要修订的应尽早修订，有关标准过于宽松的也应尽早修订。只有有法可依、依法办事、严格监管，才能确保目标的实现。

2019年10月28日—10月31日，中共中央召开的十九届四中全会审议通过了《中共中央关于坚持和完善中国特色社会主义制度、推进国家治理体系和治理能力现代化若干重大问题的决定》（下文简称《决定》）。该《决定》明确把生态文明制度体系建设纳入中国特色社会主义制度建设之中，纳入国家治理体系和治理能力现代化建设之中。《决定》提出：坚持和完善生态文明制度体系，促进人与自然和谐共生。《决定》强调：生态文明建设是关系中华民族永续发展的千年大计。必须践行绿水青山就是金山银山的理念，坚持节约资源和保护环境的基本国策，坚持节约优先、保护优先、自然恢复为主的方针，坚定生产发展、生活富裕、生态良好的文明发展道路，建设美丽中国。要实行最严格的生态环境保护制度，全面建立资源高效利用制度，健全生态保护和恢复制度，严明生态环境保护责任制度。

我们必须认真学习与贯彻执行党的十八大、十九大和十九届四中全会的精神，明确认识到生态文明制度体系建设的重要性和必要性，以实际行动积极参与生态文明美丽中国建设，为实现国家治理体系和治理能力现代化，实现中华民族伟大复兴和永续发展，作出我们应有努力和贡献。

9.迈进新时代，以习近平生态文明思想为指导，全面建设生态文明共创美丽中国

习近平总书记在党的十九大报告中明确指出："中国特色社会主义进入了新时代，这是我国发展新的历史方位""这个新时代，是承前启后、继往开来，在新的历史条件下继续夺取中国特色社会主义伟大胜利的时代，是决胜全面建成小康社会、进而全面建设社会主义现代化强国的时代，是全国各族人民团结奋斗、不断创造美好生活、逐步实现全体人民共同富裕的时代，是全体中华儿女勠力同心、奋力实现中华民族伟大复兴中国梦的时代，是我国日益走近世界舞台中央、不断为人类作出更大贡献的时代"。这告诉我们，中国特色社会主义新时代，也是全面建设生态文明共创美丽中国的时代，是倡导、推动、引领全球生态文明建设和建构人类命运共同体的时代。

进入新时代，必须明确新目标，开启新征程。党的十九大制定的战略目标是从2017年到2020年，决胜全面建成小康社会；从十九大到二十大，是"两个一百年"奋斗目标的历史交汇期；从2020年到21世纪中叶分两个阶段来安排。第一阶段，从2020年到2035年基本实现社会主义现代化；第二阶段，从2035年到21世纪中叶，把我国建设成"富强民主文明和谐美丽的社会主义现代化强国"。

以上是新时代中国特色社会主义发展的新目标和战略安排。我们要努力学习，立志为实现中华民族的伟大复兴和永续发展，夺取新时代中国特色社会主义伟大胜利而不懈奋斗。

习近平总书记在党的十九大报告中提出的：共同建构"清洁美丽的世界"，建构"人类命运共同体"的新思想、新理论，是世界性、世纪性的新概念、新理论、新目标、新任务，需要我们去认真学习与实践，并在学习与实践中去深刻领会其伟大的现实意义、历史意义和世界意义。

2018年6月16日出台了《中共中央国务院关于全面加强生态环境保护坚决打好污染防治攻坚战的意见》（以下简称《意见》）。《意见》明确指出，习近平总书记传承中华民族传统文化、顺应时代潮流和人民意愿，站在坚持和发展中国特色社会主义，实现中华民族伟大复兴中国梦的战略高度，深刻回答了为什么建设生态文明、建设什么样的生态文明、怎样建设生态文明等重大理论和实践问题，系统形成了习近平生态文明思想，有力指导生态文明建设和生态环境保护取得历史性成就，发生历史性变革。

《意见》阐释了习近平生态文明思想的科学内涵。其具体内涵是八个坚持。

①坚持"生态兴，则文明兴"的理念。建设生态文明是关系中华民族永续发展的根本大计，功在当代、利在千秋，关系人民福祉，关乎民族未来。

②坚持"人与自然和谐共生"的理念。保护自然就是保护人类，建设生态文明就是造福人类。必须尊重自然、顺应自然、保护自然，像保护眼睛一样保护生态环境，像对待生命一样对待生态环境，推动形成人与自然和谐发展现代化建设新格局，还自然以宁静、和谐、美丽。

③坚持"绿水青山就是金山银山"的理念。绿水青山既是自然财富、生态财富，又是社会财富、经济财富。保护生态环境就是保护生产力，改善生态环境就是发展生产力。必须坚持和贯彻绿色发展理念，平衡和处理好发展与保护的关系，推动形成绿色发展方式和生活方式，坚定不移走生产发展、生活富裕、生态良好的文明发展道路。

④坚持"良好生态环境是最普惠的民生福祉"的理念。生态文明建设同每个人息息相关。环境就是民生，青山就是美丽，蓝天也是幸福。必须坚持以人民为中心，重点解决损害群众健康的突出环境问题，提供更多优质生态产品。

⑤坚持"山水林田湖草是生命共同体"的理念。生态环境是统一的

有机整体。必须按照系统工程的思路，构建生态环境治理体系，着力扩大环境容量和生态空间，全方位、全地域、全过程开展生态环境保护。

⑥坚持"用最严格制度最严密法治保护生态环境"的理念。保护生态环境必须依靠制度、依靠法治。必须构建产权清晰、多元参与、激励约束并重、系统完整的生态文明制度体系，让制度成为刚性约束和不可触碰的高压线。

⑦坚持"建设美丽中国全民行动"的理念。建设美丽中国是人民群众共同参与共同建设共同享有的事业。必须加强生态文明宣传教育，牢固树立生态文明价值观念和行为准则，把建设美丽中国化为全民自觉行动。

⑧坚持"共谋全球生态文明建设"的理念。生态文明建设是构建人类命运共同体的重要内容。必须同舟共济、共同努力，构筑尊崇自然、绿色发展的生态体系，推动全球生态环境治理，建设清洁美丽世界。

习近平生态文明思想，是习近平新时代中国特色社会主义思想的重要组成部分，是指导生态文明建设和美丽中国建设的理论遵循。

生态保护、环境保护是直接关系到全人类的生存和发展的神圣事业，全面的生态文明建设是"功在当代、利在千秋"的造福人类的伟大工程。创建一个"适合人类生存与永续发展的，人与自然、人与人、人与社会和谐共生，乃至全人类和谐共生共存共享"的现代人类生态文明社会，是我们每个人责无旁贷的历史使命。

我们坚信，勤劳奋进的中国人民，在中国共产党的团结与带领下，在习近平新时代中国特色社会主义思想和习近平生态文明思想的指导下，一定会利用我们中华民族的聪明、智慧和力量，走进全面建设生态文明共创美丽中国新时代，一个"富强民主文明和谐美丽的社会主义现代化强国"一定会在21世纪中叶屹立在世界民族之林，并为建设全球生态文明，建构和谐清洁美丽世界，建构人类命运共同体，实现全人类的永久和平、共同富裕、永续发展而作出新的更大的贡献！

主要参考文献

[1]陈静生,陈昌笃,周振惠,等.环境污染与保护简明原理[M].北京:商务印书馆,1981.

[2]林肇信,刘天齐,刘逸农.环境保护概论[M].2版.北京:高等教育出版社,1999.

[3]钱易,唐孝炎.环境保护与可持续发展[M].北京:高等教育出版社,2000.

[4]刘天齐.环境保护[M].2版.北京:化学工业出版社,2004.

[5]李天杰.土壤环境学——土壤环境污染防治与土壤生态保护[M].北京:高等教育出版社,1996.

[6]陶秀成,宫世国,邵明望.环境化学[M].合肥:安徽大学出版社,1999.

[7]陶秀成.环境化学[M].北京:高等教育出版社,2002.

[8]潘岳.环境文化与民族复兴[N].光明日报,2003-10-29.

[9]杨伟民.大力推进生态文明建设[M]//本书编写组.十八大报告辅导读本.北京:人民出版社,2012.

[10]全国干部培训教材编审指导委员会.建设美丽中国[M].北京:人民教育出版社,党建读物出版社,2015.